PREP（ピーレップ）で積層造形の利用推進を

熊谷 良平

学術研究出版

まえがき

積層造形に用いる金属粉末は、とくに粒径と送給性が重要であると言われてきた。

粒径は、細かいほど、重量あたりのトータル粉末表面積が増えるため、表面酸化しやすい金属では、取扱いに特別の配慮が必要で不便である。しかし、造形における集中熱源での溶融プールの形成や、溶着面の平滑性に関係するので、あえて、細かい粒子を使いたいという事情がある。

いっぽう、送給性は、粉末の均等厚散布に関係し、その良否が造形作業のトラブルによる生産性悪化に大きく関係し、重要な意味を持つ。現用の粉末コーターのなかには、送給性は粉末粒子の形が関係し、粒径の揃った球形の望まれる事が多い。

現状は、これらのニーズに近い対応として、古くから生産実績の多い、ガスアトマイズ法か、もしくは、これに準じた製法の粉末を適用しているようである。

ガスアトマイズ法は、金属の熔解炉やタンディッシュのノズルから流れ落ちる熔湯に、不活性ガスを吹き付け、吹き飛ばして粉化するもので、飛行中の熔融粒子が主として表面張力により球状に凝固したものである。粉化のモードには、複数の形が含まれ、そのため、粒子の形はすべて球形とは限らず、必要に応じた方法で選別を強化している。さらに、古くはプラズマ球状化法と呼ばれて、粉末を気中再溶融する方法も、ふりかえられている。

粉末粒子の形が球形で、粒径の揃いがより良い粉末製法として、ほかにPREP法がある。積層造形でも、今後チタン系金属を手掛けるとすれば、細粒製造にまだ実積不十分とは言え、酸素汚染防止に強いこの方法の特長が注目され、多くの検討がなされると考え、筆者が、PREP経験の中で思ったことを、今後検討者への課題として参考に紹介する。この方法による粉末の品質や特長の利用によって、AM技術の活用がさらに拓けることを期待する。

目　次

第1章　PREPとは

1．PREP装置

1．1　装置の構成

プラズマ回転電極法（Plasma Rotating Electrode Process 略して、PREP）は、外形がほぼ球形の金属粉末を造れる方法で、量産では最も球形に揃った粉末の製法と言えよう。この方法による粉末造りを模式的に**図1**に示す[1)2)]。粉末にしようとする原料金属は、丸棒の形で用いる。この丸棒の円心を軸として高速回転し、その一方の端面をプラズマの陽極として熔解する。融液は遠心力によって電極の端面円周から、特定方向へ飛散し、表面張力で球形になり、凝固し、チャンバー底部に集められ、メッシュネットを通して、その下に取り付けたボトルの中に貯まる。

ネットは電極棒を取り替える際、残棒を落してボトル蓋のバルブを傷つけることのないよう防御するものである。

1mm径のような大きい径の粉末製造条件では、粒子がチャンバー内壁に衝突し変形するおそれがあるので、計算予測し、十分な大きさのチャンバー内径が必要になる。いっぽう、それによる容積増で初期置換ガスの使用量や置換作業時間が増えるので、チャンバーを断面K字型に、中心部を絞って内容積を減らした設計も古くより紹介されている。

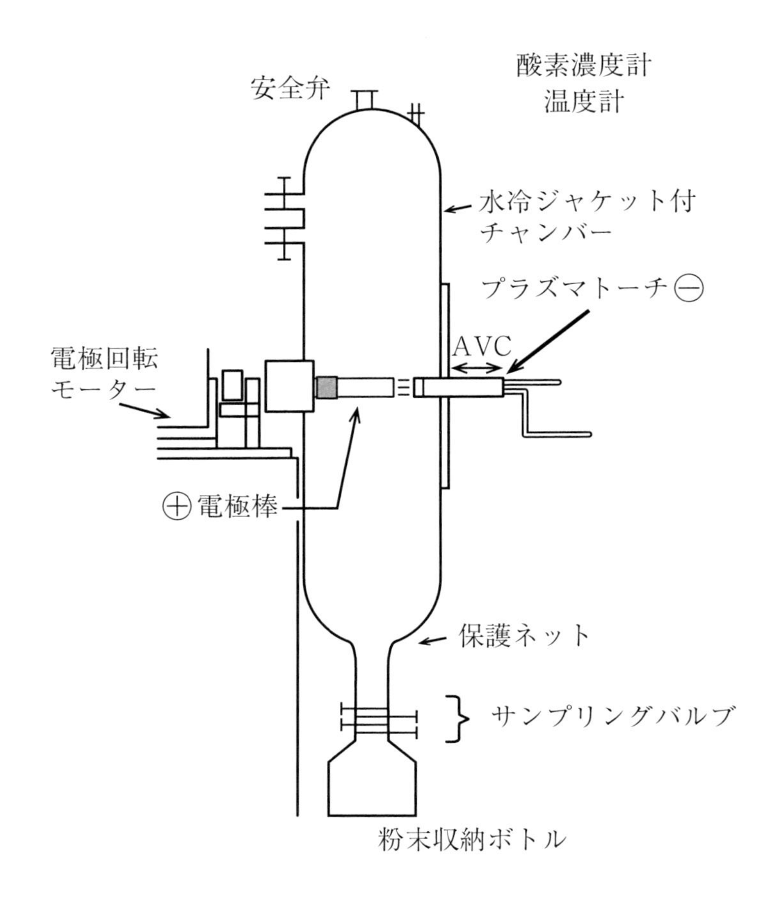

熔解エネルギーの選択

電極棒径	小　径	中　径	大　径
(mm)	25　30	50　60	70　80　90
エネルギー	AREP アークレップ	PREP	傾斜プラズマ または PRB（非移行）
備考	実験試料作り	実用実績多い	未検討

図1．PREP の粉末づくり模式図

それほど大きくない粒子製造に関しても、製造コスト追求の中で、ガスコスト低減にこの形は参考できる。

ボトルは、付属バルブによって密閉し、チャンバー内の不活性ガス雰囲気のまま、取り外して、予備室をもったグローブボックスへ移し、篩別や秤量、パッキングなどの後工程へ進める事ができる。

チャンバー下部には、図に示すように、別部品として、必要な時、複数のバルブを取り付け、始動時から特定小時間経過毎にごく少量の粉末を分別回収して、酸素量を調べ、始動時からの品質安定を管理することが出来る。PREPは、はじめに設定した雰囲気のまま運転の、連続静置環境であるから、はじめのサンプリングが重要な意味を持つ。

チタン系金属の粉末造りでは、いわば、**酸素汚染との戦い**であり、この部分を活用することにより、もしも、汚染があれば運転初期に発見し、汚染部分を除去できる。

粉末を取り扱う容器の一般原則として、ここでも、チャンバー内部には、かどコーナーを作らず、図のように、ドーナツ型とするか、または、すみ肉溶接のうえ、研磨仕上げしてコーナーを滑らかにする。熔解の際発生するヴェーパーの付着を、チャンバー開放の折に、アルコールでウエス払拭するので、作業のやりやすいチャンバー内面でなければならない。

1．2　アークプラズマの選択

PREPでは溶接と同じくアーク放電で発生させたアークプラズマを用いる。この呼称は、本書では繰り返し多用するので、以後単にプラズマと略称する。

PREPで熔解に用いるプラズマは、**図2**に示すような2とおりがある[3)]。(a) は、移行性プラズマとも称し、被熔解材をプラズマの陽極とし、プラズマトーチを陰極として、通電する場合である。(b) は、非移行性プラズマとも称し、被熔解材を電極とせず、プラズマトーチの中に両極を有し、ここで作られた高温ガスを噴射して用いるものである。材料がセラミックスや粉末状態（プラズマ球状化法、あるいは溶射）で、通電できない場合である。故に、(b) は、被熔解材がたとえ同じく棒状である場合ても、プラズマ回転電極法PREPではないので、総称してジェットと称する。

将来100mm径のような大径熔解棒を用いることがあれば、広幅熱源を期待し、非移行性プラズマを検討の事もあろうかと図1へ大径棒熔解用として加えた。ただし、この場合でも、球形でよく揃った大きさと言うPREPの特長を失わないためには、粒子の生成モードを特定の方式（後述の、DDF）に制限するための新たな工夫を要する。

本書では、熔解する材料が金属であり、かつ、通電性材料であるから、これを陽極とした (a) 移行性プラズマを選んでいる。したがって、丸棒側を陽極、プラズマトーチ

(a)　移行性プラズマアーク　（トランスファープラズマ）

相手をプラズマの陽極とする。
（金属，電導体）

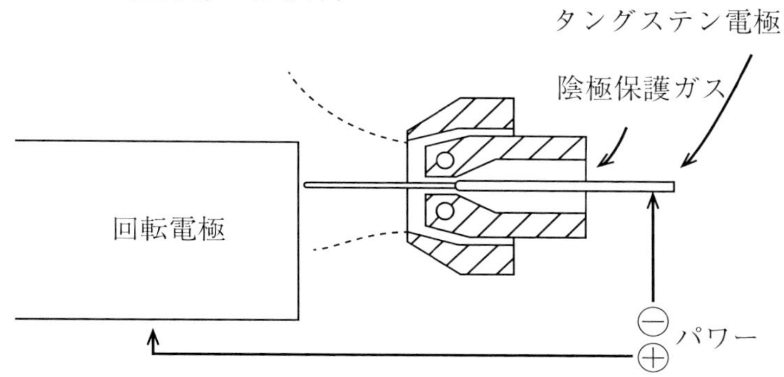

(b)　非移行性プラズマアーク　（ジェットプラズマ）

相手をプラズマの陽極としない。
（非金属、非電導体、粉末）

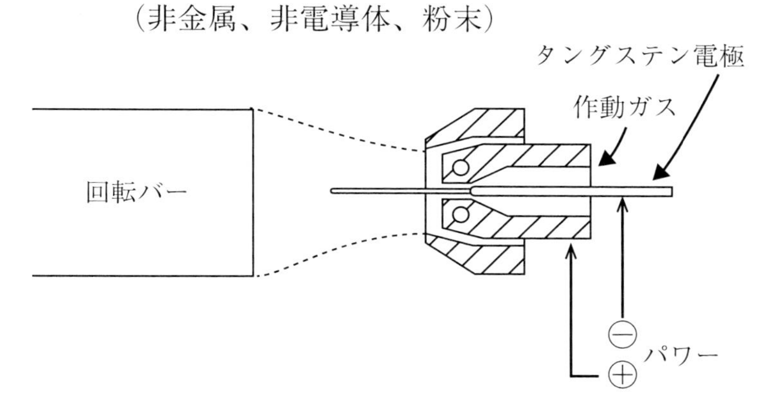

（本書では a を選択）

図２．プラズマの選択

内の水冷タングステン電極を陰極とするトランスファー接続で用いている。陽極は電子流の衝突・突入により高温が得られ、熔かす熱効率が高い[4)]。

粉末にする原料丸棒を陽極とすることから、本書では、略して単に電極または電極棒と称することにする。

チャンバー内は、初めに不活性ガスに置換して、外気と同圧にしておく。不活性ガスはArガスを用いることが多い。ある目的があって、粒子の冷却を強化のためHeガスを用いた事もある。電極材料によっては混合ガスなど、実験検討のこともあろう。

初動作の「真空引き」に時間がかかるからと、チャンバーに取り付けた酸素濃度計をたよりに、複数回の階段的置換法をとることもできる。階段的置換とは、真空引き半ばにして、Arガスを入れることの繰り返しで、階段的にガス置換を進めていくものである。Arガスの使用量が増えるとは言え、いったんガス置換さえすれば静置環境で操業のPREPであるから、“粉末製造量対ガス量”は、そう多くはならない。

チャンバー内は、ガス置換したあとは雰囲気を固定のままで運転するので、運転環境は連続性を有し、もしも、置換ガスに純度不足や、ガスリークがあった場合、始動初期の粉末に吸収され、漸減する筈である。複数バルブによる区分サンプリング検査によって、始動初期からの変化推移として検知できるという理屈である。これは、品質保証記録上有意義であろう。

このPREP特有の静置環境運転は、始動時に雰囲気の浄化が進んで（ゲッター効果）炉洗い効果をもたらすとすれば、その時期を示すことになる。実験試作でその時期分の初期排除基準としてボトルバルブ操作に活用できるという理屈である。この雰囲気の連続性は、チタン系材料の粉末造りにおいて注視されPREPの長所と言えるであろう。

1．3　電極棒の取り替え

PREP装置の構成を示した図1は、そのままでは、粉末生産には使えない。電極棒1本熔解ごとに、チャンバーを開放し、電極棒を取り替え、ガス置換から始めるならば製造コストに影響する。PREPは生産性が悪いように誤解されやすい。電極棒の取り替えにその主因がある。最初の設定からガス置換なく、より多くの電極棒を熔解し続けることの出来る方法が求められる。

しかし、際限なく連続が必要ではない。人、装置に安全上のアイドリングタイムを求めて、妥協することになる。現在、電極棒の取り替えには、次の方法がとられている。今後の改善課題でもある。

グローブによる手作業のタイプ

液滴の飛行は、遠心力にしたがって、電極長にほぼ直角な平面上を、特定方向となるので、チャンバー内の空間を利用して、ここに補充電極棒や取り付け工具の棚を設け、

1本の熔解終了で、温度が十分下がったら、外からグローブで電極棒の付け替え手作業をするタイプのものがある。

人手作業のため、チャンバーの水冷は十分強化しておく方が良い。また、初めの設計時に、電極棒の取り替えに無理のない作業姿勢を考慮し、特に、高さは注意が必要である。

このタイプは時間をかけゆっくりした連続作業となり、主として、研究目的の少量試作機に適用されている。

外からアーム操作のタイプ

チャンバーそとからのアーム操作で電極棒の取り替えを行うタイプがある。それを**図3**[5)]に示す。1本の熔解を終わった後、別のアーム操作で残材をチャンバー内へ落し、さらに別のアームの先に予め取り付けていた次の電極棒を装着する。

スペース的にアームの本数に制限があり、数本単位に留まるが、その数本を熔解後のガス置換作業は、人の作業時間帯にあわせて、アイドリングタイムを装置の冷却休止に当てている。

そと操作の取り替えとは言え、熔解時間率が増えると、人の寄り付き難い高温化が起こるので、チャンバーの水冷ジャケットは十分強化が必要である。

1．4　電極棒残材の再生

電極棒は所定本数の熔解を終わって、チャンバー下部の粉末ボトルくちのバルブを密封し、チャンバー開放の折に、電極棒の残材を取り出し、まとめて、再利用可能サイズに

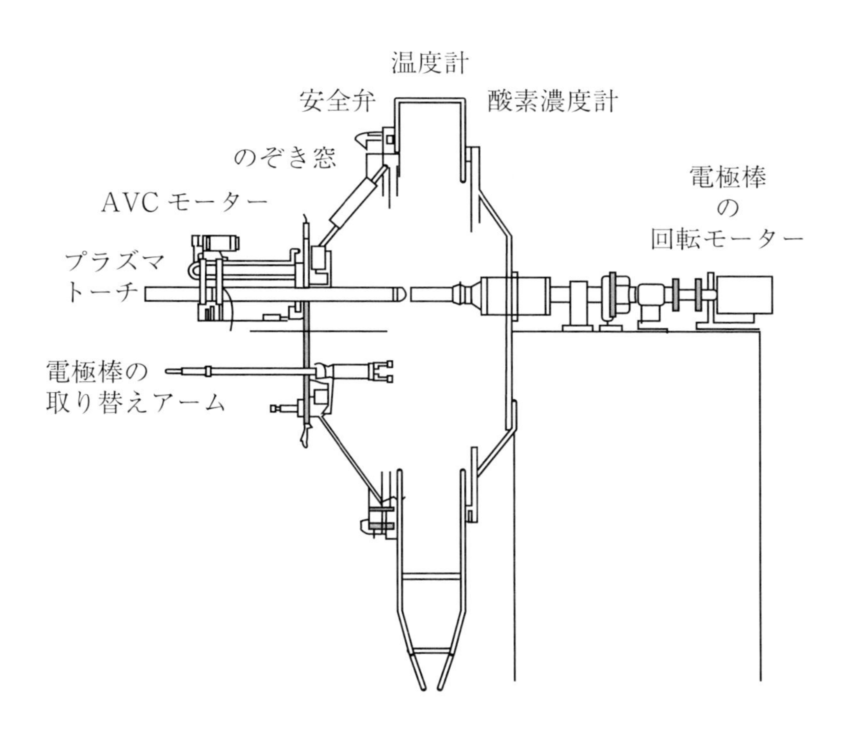

（参考資料：u.s. Patent 4,964,791 Japan Patent 1,867,577）

図３．アーム操作で電極棒を取り替えるタイプ

接合する。

接合は、材料が同質材で、接合面が同径の円筒形サイズであるから、回転摩擦圧接法が最適と考える。回転側にフライホイールを取り付け、その運動エネルギーを短時間に放出させて圧接する。接触面に発生する摩擦力をブレーキとして利用するので、大径材の接合に有効である。この接合作業に慣れると、PREPは残材ほぼゼロが狙える。

接合装置は汎用機でも、不活性ガス雰囲気で使えるものでなければならない。多くの場合、接合直後の高温中では、大気に触れないようにし冷却を待つ。

2．運転作業

2．1　粉末生成モードの選択

PREPにおける粉末生成の様子をB. CHAMPAGNEら[6)]は、高速フィルムを使って観察し、3つのモードがあると報告している。それらは、DDF、LD、およびFDである。これらをまとめて**図4**に示す。

DDFは、電極端面外周部で液滴粒子が形成され、ここから粒子として直接離脱する場合である。LDは、液体が電極端面円周から靭帯状に広がり、その先で液体が分裂し粒子として飛行する場合である。またFDは、液体が電極端面円周からフィルム状に広がり、その先で、破裂し、液滴粒子が分断飛散する場合である。これらの3モードは、

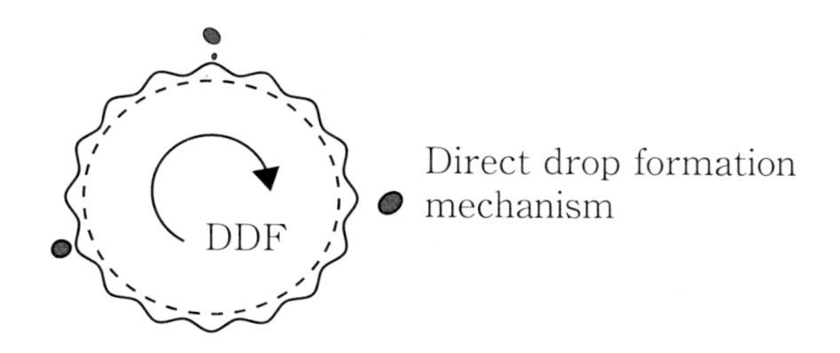

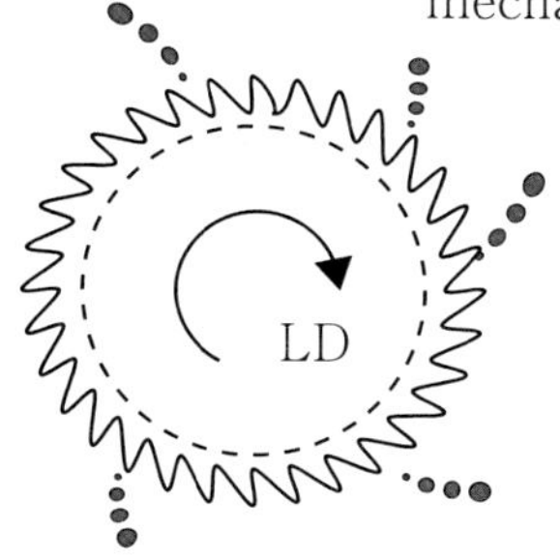

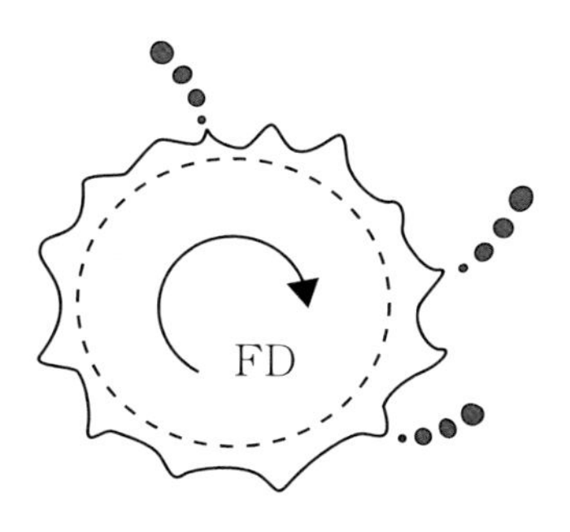

図４．PREPにおける粉末生成モード
（B. CHAMPAGNEら）

主として、溶融速度の違いによるとしている。

この報告は、PREPを理解する上でたいへん解り易い説明である。

別著者[7]で、PREP粉末の粒径形成要因に溶融速度も因子として入れた提案がある。これは、粉末形成モードがDDFのほかにLDやFDの混在した状況を示し、上記観察結果にそっている。電極面は、液体量が多すぎである。

LDとFDは、液体間の千切れ現象であり大きさや、球状化の制御が困難と言う共通点がある。液体が引き伸ばされてニードル（針状）で凝固したもの、あるいは、液体で分断後十分に球状化が進まないまま、ポットベリー（ダルマ状）で凝固したものや、複数の粒子が合体し同化不完全のまま凝固したサテライトの混成が想像される。サテライトの生成環境では、雰囲気ガスを取り込んだ気孔粒子の生成が懸念される、これらの非球形粒子は積層造形では、造形装置の粉末コーターにおいて有害であり、粉末選別除去の対象になる。

筆者らは、液体が電極円周部で固体部分にのっていて、離脱条件が整いやすい状態で粒子になり離脱するDDFに注目した。そこで、粉末生成モードをDDFのみに絞るため、以下の実験をおこなった[8]。

図5は、50mm径電極の断面中心へプラズマを照射した場合の熔解面の形を示す。

中央熔け込みを持った熔解面が発生し、回転体がバランスを失い、危険である。すぐに回転を停めねばならなかった。

この原因は、電極棒の長さ方向に対し直角面で遠心力が作用しており、熔解面は、中央熔け込みのため斜面であり、融液の流動を規制し、ここに湯溜りと凝固が発生し、円滑な排出を妨げ、液滴生成モードはLDを含んでいる。中央熔け込みを防止したプラズマの使い方が必要である。

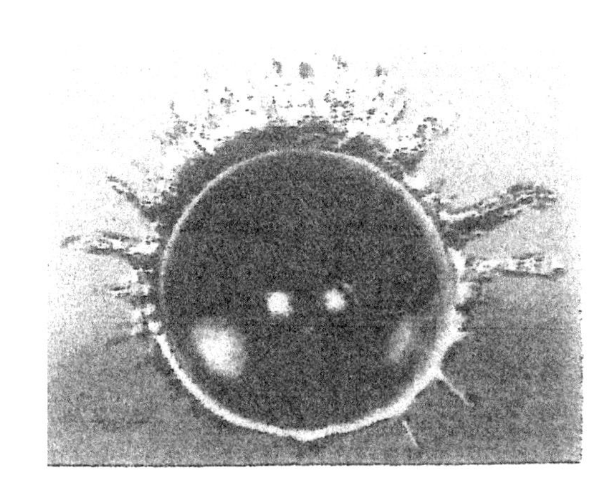

熔解面写真

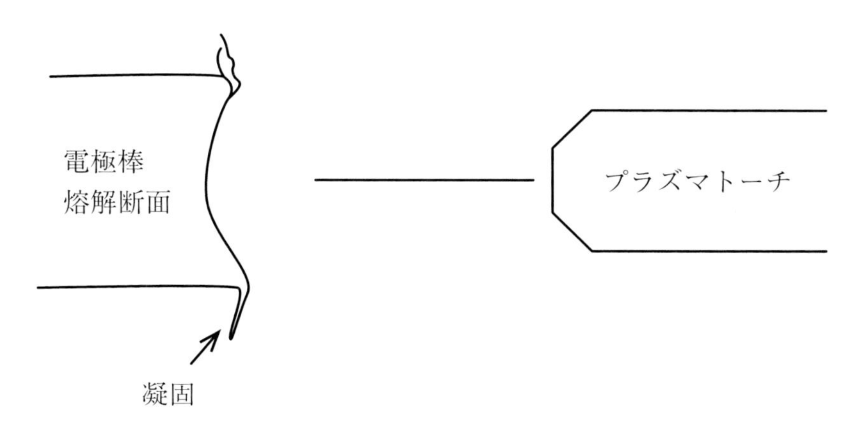

図5．電極の中央熔けこみ

さらに、固液界面の現象であるだけに、電極面で湯溜りを形成する状況では、凝固の発生しやすい状態にあり、液滴の形成を助ける物性への熱量維持が必要である。

プラズマの入熱量アップをはかると、粒子生成モードが安定しない。

これらを含めて、プラズマの照射を電極面中心から外し、液滴の発生する電極円周側へ寄せて、偏芯熔解を行った[9)]。**図6**では、50mm ϕ 電極において、

(a) はプラズマ照射を電極面中心から10mm、半径の中央よりも内側に設定した場合である。熔けこみ形状は電極の回転によって浅く、円周部には粒子が見られ、DDFモードのPREP現象であった事が窺われる。

(b) は、プラズマ照射を電極面中心から15mm、半径の中心を超えた外寄りであった、プラズマの中心熔け込みが円周寄りに少し見えるが、それでも、円周部の粒子の形成は (a) と同様に安定していることが見え、先に示した中心プラズマのようなLDやFDの混在した形は見られなかった。

ここから判ることは、偏芯熔解で中央熔け込みを緩和し、さらに、この偏芯によりプラズマの加熱が、円周部へも及び、液滴の形成と離脱に大きく寄与していると見られ、液滴の離脱飛行位置を形成したため運転中の液滴飛行は特定の位置と特定の方向へ変わり、DDFの安定を示すようになる。

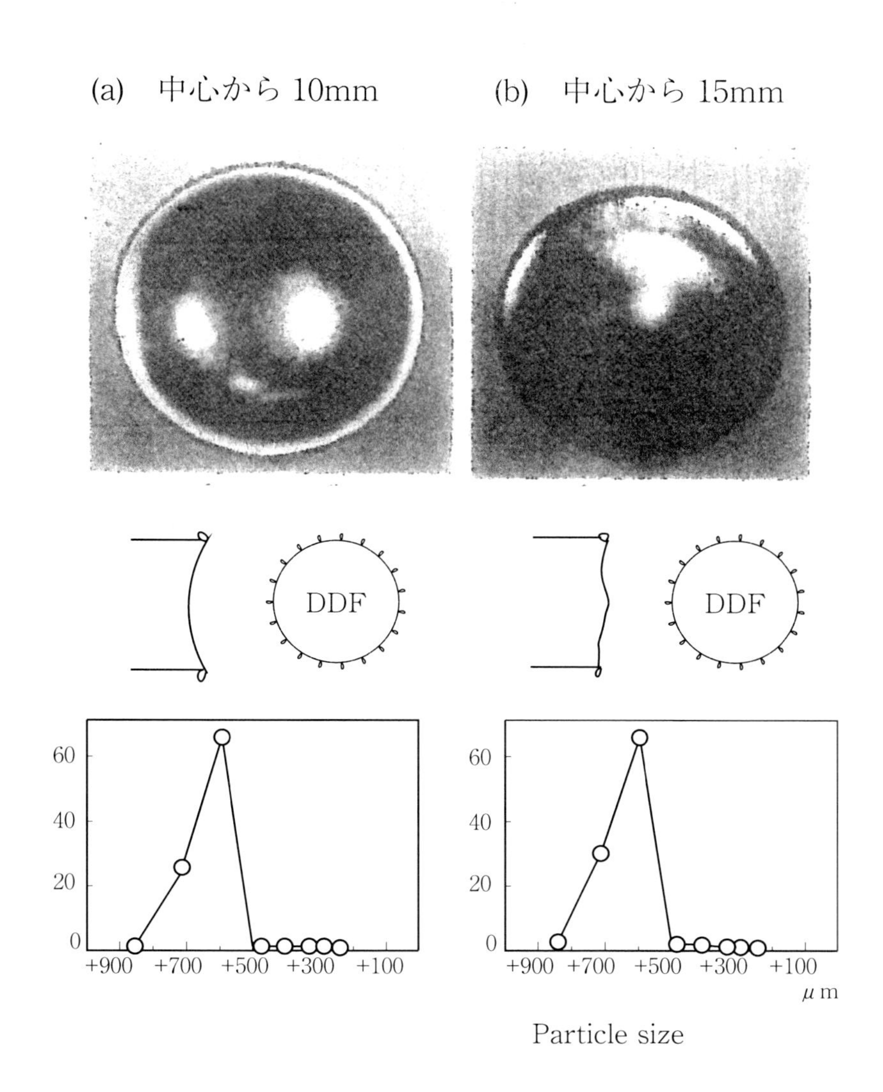

図6．プラズマ照射を電極面中心から移動する（電極径 50mm）

プラズマを火炎のような、単なる熔解熱源として取り組もうとし、電極面いっぱいに熱源を広げるため、高入熱熔解を試みるとか、溶射用プラズマのような、非移行性プラズマ（ジェット）の使用を試みると、複数の液滴生成モードが混在するようになり、粒径の制御は難しくなる。

本書では、液滴の生成から電極離脱までをDDFへの過程へ向けて絞ることにより、安定した粒径と粒形をうることに成功している。それは作業として微妙ではなく、容易な実用をもたらした。

筆者は、このような、プラズマの偏芯熔解方法[6)]を、**「半径熔解法」**と呼ぶことにした。

正確に半径を意味するのではなく、作業的に、回転面の半分を熔かすぐらいの感覚である。

その内容は、中央熔け込みの防止と、電極円周部液体の加熱による離脱物性への変化、おそらくラプラス圧変動[9)]とが相まって、適当なエネルギー分配がなされる照射位置ということになる。

したがって新たな電極径使用では、この基本を維持するための電流、電圧、プラズマ条件を設定すればよく、極めて容易な操作と言える。

このような考えの応用として、80mmより大きい径の電極でのPREP開発では、**傾斜プラズマ**のような付加技術が円周部加熱に有効と予想される。傾斜プラズマとは、プラズマ流をトーチから傾斜して発生させる技術で、電極径が極度に大きい場合、高電流使用のみではLDやFDが混在する恐れがあり、電極円周部加熱方法として、傾斜プラズマによる斜角照射を期待している。

図7は、50φmm電極における半径熔解法による熔解の様子を示している。プラズマ照射は電極面の中心を離していることが見られる。また、プラズマ消弧後の電極面の写真では、電極の周りに、低回転、高回転に応じて大小の粒子が見られる。これらは、PREP運転停止直後に形成された部分を含むが、いずれも安定した粉末形成モードのPREP現象であったことが窺える。

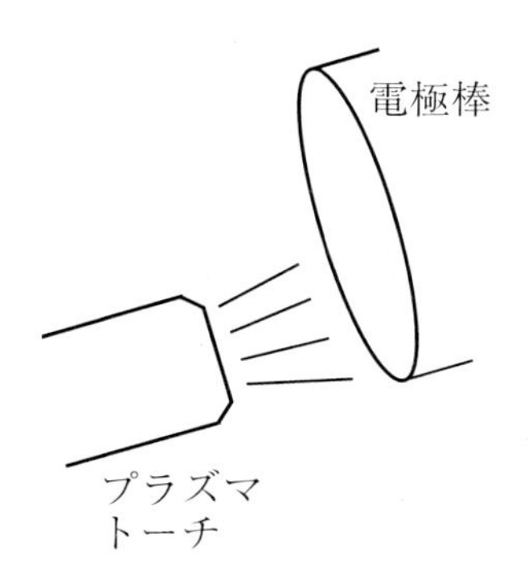

プラズマフレームが、片側へ流れる状態を維持することにより、プラズマ中心の高温部が電極外周へとどき、液滴の生成離脱物性を整える。

さらに大径の電極においては、「傾斜プラズマ」の利用が、この点を有効に活用できるかもしれない。

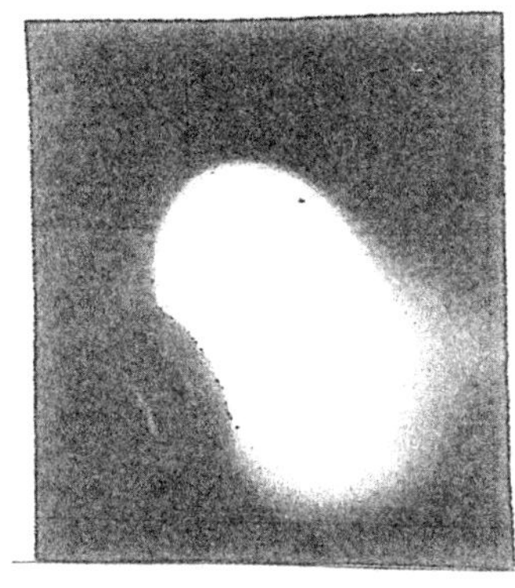

トーチ　　電極棒

「半径熔解法」プラズマ

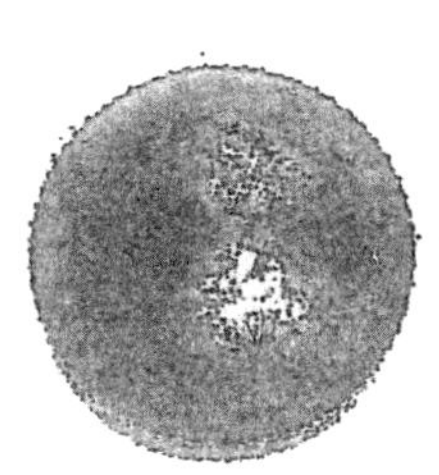

高速回転の熔解面
11,000rpm

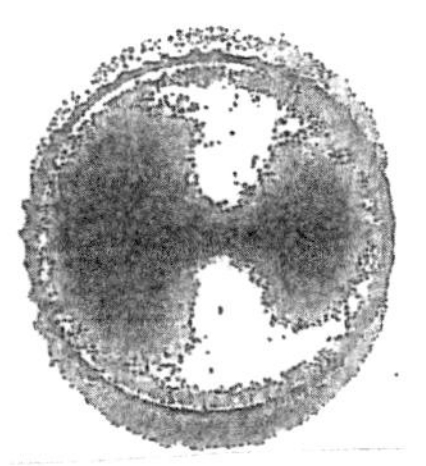

低速回転の熔解面
4,600rpm

図7.「半径熔解法」により安定したDDFモード

２．２　「半径熔解法」の実施要領

はじめから、電極面の半径中央(周辺から約1／4のところ)にプラズマをセットすると、熔融のバランスを崩し、すぐに回転異常に見まわれ危険である。回転体を相手とする以上、常にバランス良い熔融ステップをとるよう心掛ける必要がある。電極棒一本ごとに円周部で点弧し照射を始める。

照射は回転する電極の外周側から中心部へ向けて慎重に移動し、あたかも、削り込むかのように、半径の中心部（1／4）へ移動する。目安は熔解面がほぼフラットで、中央熔け込みをつくらないトーチ位置、したがって、熔滴は電極の全円周からではなく、特定の位置から離脱飛行する。このことを**図８**に詳しく図解した。この方法を採ることにより初心者にとっても操作は容易になる。PREP操作の重要ポイントである。

２．３　粉末粒径の安定

ガスアトマイズ法は、熔解炉やタンディッシュノズルから流れ出る熔湯を噴射ガスで分断・凝固するので、流体対流体による衝突の**「強制粉化」**である。整流たりえない流体どうしの衝突であるから、作用点の要素がばらつくのは避け難いが、高圧ガス噴射によってそれを克服している。

本書におけるPREPは、半径熔解法によって、粉化モードをDDFに制限しているので、電極回転遠心力の下、プラズマの加熱による温度上昇で、離脱物性に至った液滴の

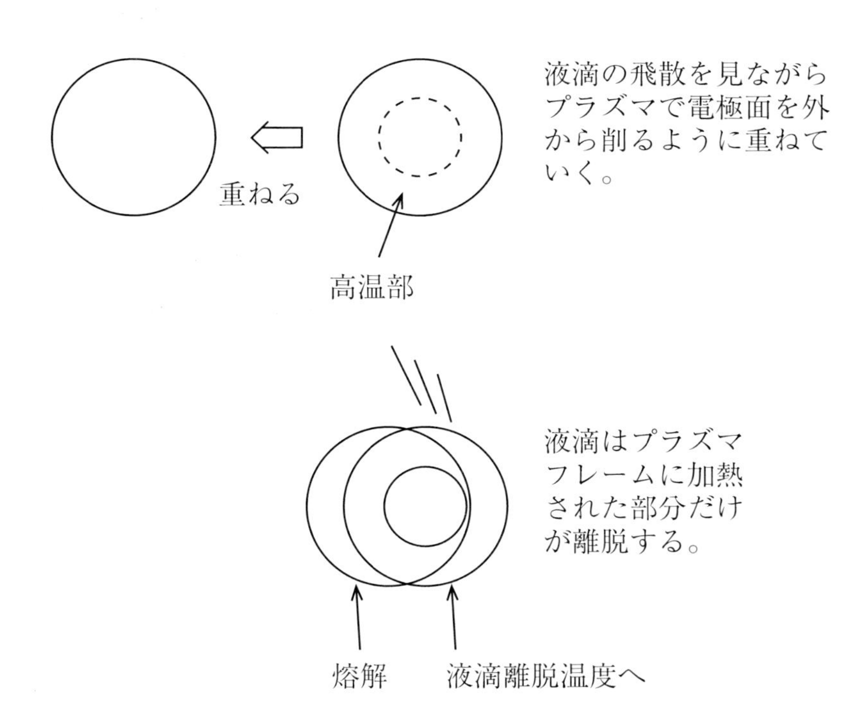

図８.「半径熔解法」への導入手順

粉化であり、回転ディスク円周部での粒子形成で、**「物理粉化」**と言える。

強制粉化と物理粉化とは、両者の粉末に大きい違いをもたらし、それぞれの特徴となる。**図９**はその違いを対比説明するものである。この点をよく理解すると、粉末利用の立場で、選定や品質管理の要点が判る。

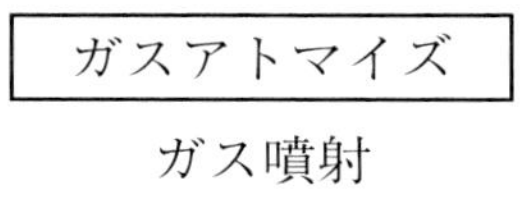

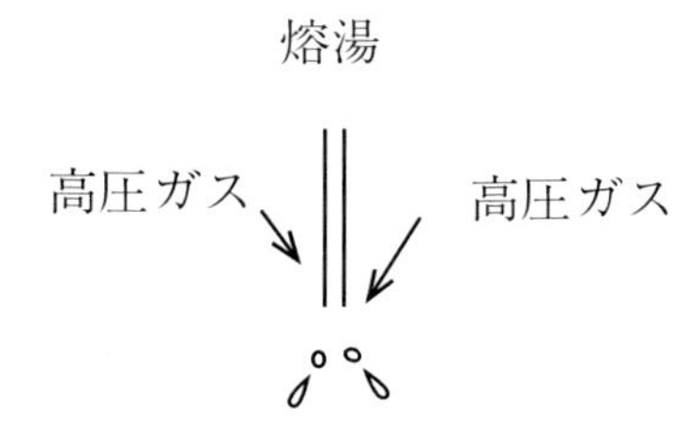

流体(熔湯)と流体(ガス)の衝突であり、相互に不安定作用点による粉化であるが、高圧ガス噴射で、サテライト生成を避けて造られる。微粉製造に特長がある。

<u>強制粉化</u>

微粉が造れる

PREP

半径熔解法
(DDF モード)

特定遠心力の下、集中加熱され離脱物性に至った部分が粉化、粒径が制御されて得られ、ほぼ正規分布の揃った粒径である。

<u>物理粉化</u>

微粉製造実績まだ

図９．強制粉化と物理粉化

3．PREP現象

いろいろの物性に調整した有機液体を、回転円板上へ注いで、円板外周を離れて、飛行する液滴の生成現象を観察した研究が、わが国でも、学会活動としておこなわれてきた。PREPにおける粉末生成も、これを参考に出来る。PREPの運転オペレータは、どのような熔解状態をねらい操作維持すべきか、以下にPREP現象の考え方を示す。

LDやFDでの分裂粉化は、中空での形であり、粉末製造条件として、これらを安定した形に求めるのは無理がある。

オール球形で、粒径が揃うというPREPの特徴を追求するためには、DDFのみに絞りたい。図4におけるDDFモードは、電極面円周部で液滴が形成されるので、PREPが狙いとするモードではあるが、運転中には、LDやFDが混在していたとしても、プラズマ消弧時には、回転はまだ続いており、DDFが形成されていたかのような痕跡を残すので、もっと積極的にDDFを安定、維持していくためには、電極円周部で液滴の離脱を助ける局部加熱を、プラズマフレームの流れによってバランスよく与える。それが実は半径熔解法である。**「プラズマを熔解熱源として用いるだけでなく、電極円周部で液滴に離脱物性を与えることにより、この一点からのみ液滴を離脱させるというDDFの安定したPREP現象をつくりだす」**ことを意図している。熔解に移行性プラズマを採用した理由も正にここにある。本書においてPREPはすべてDDFを目指す。

1）電極面に液体がつくられても、電極面の中心部は遠心力ゼロであり、その周辺でも、固液界面の薄い層では、液の円滑な流動は期待しにくいであろう。

2）電極面は回転していても、中心部は多くの熱量をうけ、いっぽう、プラズマ自身の熱分布もあって、中央熔け込みと湯溜りの要素は高い。

プラズマトーチの狙い位置を中心から離すことによって、中央熔け込みを軽減し、ほぼフラットな面をつくれる。それによって液体はスムーズに電極円周部へ誘導されるであろう。

3）円周部では、液膜が押し寄せたとしても、ちぎれて丸く形成する原理は別にあり、溶接のハンピングビードのように、液体ビードの内圧変動が表面に曲率変動を得、くびれの要因をつくり、あとは質量成長により、遠心力に応じた分断へ向かう。これを助けるために、この付近でまだプラズマのエネルギーが関与すると考える。（粘性や表面張力の低下）

4）プラズマ照射の円周部での過程は、プラズマの直下で一気に行われるので、回転グラインダーに鉄棒を当てた時に似て、ほぼ一か所から液滴が飛び出す。これは運転作業の定常管理上のポイントであり、重要であると考えられる。

5）特定の物性をもった液体が電極全面に存在すると考えない。プラズマ柱という極度の熱分布を持ったものの加熱を受け、液体物性（粘性、表面張力）も狭いエリアで変化して、その部分が離脱するので、プラズマのフレームが有効に電極円周部へ届くように運転管理する。その範囲が、プラズマを偏芯セットの意味（半径熔解法）である。

第2章　粉末製法としてのPREPの位置

1．PREPの特徴

PREPの主な特徴は、**図10**のように考えられる

①　製造雰囲気は静置環境

粉末製造チャンバー内は、特定ガスに置換したのち、雰囲気は静置環境で粉末を造る。Tiのような、酸素に活性な金属の粉末つくりでは、使用するガスの純度までも、その使用目的に十分かどうかを、初期サンプリングによって

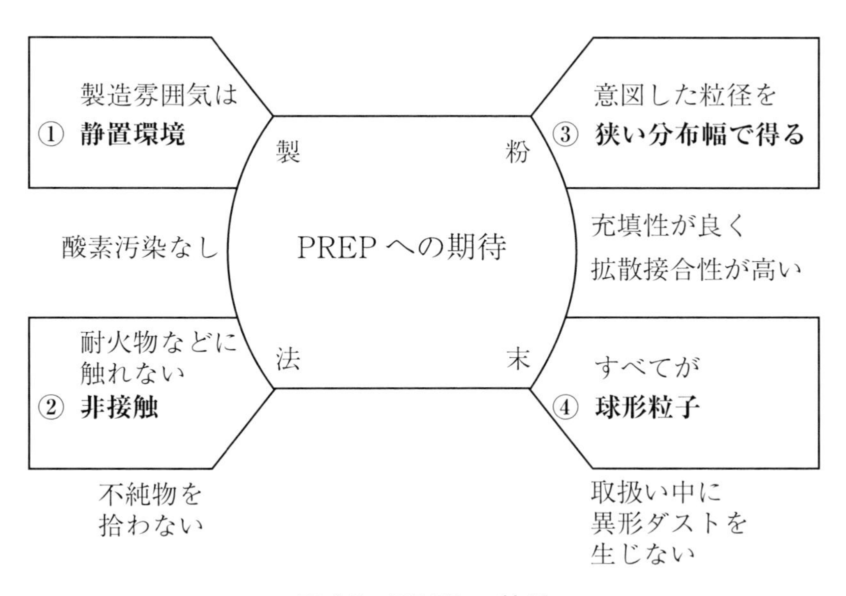

図10．PREPの特徴

確認できる。生体用サージカルインプラントの低酸素の規格に対しても、これにより検証できる。そして、もし、不十分な時は、炉洗いでカバーできるものかどうかわかる。

装置に起因する酸素侵入か、ガス、電極材料に起因するか、この静置環境は厳しく有用な情報をもたらす。静置環境運転だからこそ可能である。チャンバー底部の複数バルブでサンプリングして、製造過程の管理記録が残せる。

② 高温非接触の製法

チタンの熔解や粉末つくりは、言うまでもなく、高温で耐火炉材に触れない方法で行われてきた。Tiに反応しない酸化物耐火材は少ない。古くより、Tiの実験室熔解は、原料粉によるセルフコートや、バー熔解などの非接触で行われてきた。

PREPは、まさに、トランスプラズマによるバー熔解であり、液体で耐火物に接触のない非接触製法である。

③ 意図した粒径を正規分布で得る

同じ材料で、同じ径の電極棒では、電極棒の回転速度選択で、造りたい粒径を指定できる。それは、粉末生成モードをDDFに一定制御しているため、粒度分布幅が狭く揃った粒径で再現されるという特性による。

複数の粉末生成モードからなり、篩分けにより選ばれた粉末とは異なり、正規分布で、粒径分布幅が狭く、特徴的な粒度構成となり、粒度分布図からD_{50}という粒径代表値を示すことが出来る。これは、運転作業条件の標準化に寄与できる。

表１は、各種金属電極棒のPREP記録について、回転速度rpmと粉末粒径D_{50}の関係を示した例である。(D_{50}：正規分布に限り、積算粒径分布が50%における粒径をその分布の代表径とした場合。)

個々の材料と電極径について、製造者がrpmとD_{50}のPREP作業標準を固めておく事ができる。

表１．造りたい粒径を電極回転速度で選ぶ

材　料	（第１類） Ti, Al, TiAl, Ti6Al4V			（第２類） Cu, Ni	（第３類） SUS316, Fe, SUJ2, Tb, Nb
電極径 mm	70	60	50	50	50
粒径 D_{50}, μm					
53					
63					
75					
90	19,700				
106	16,700	19,500			
125	14,200	16,500			
150	11,800	13,800			
180	9,900	11,500	18,800	9,600	9,000
212	8,400	9,800	11,700	8,100	7,700
250	7,100	8,300	9,900	6,900	6,500
300	5,900	6,900	8,300	5,700	5,400
355			7,000	4,800	4,600
425			5,800	4,000	3,800
500			5,000	3,400	3,200

rpm

④ すべての径で、ほぼ球形粒子である

電極の円周部において分断された液滴粒子の単位量での凝固であり、変形を与える複雑な作用を受けないで凝固するので、球形へ至る中間的な形の粒子はない。風篩などで異形粉を除去する工程に頼ることなく、生産できる。製法の特徴として球形で得られるので、形の上で、選別・管理技術の人為的因子が関与しない。このことは、用途では、次のような場合に生かされるであろう。

a）粉体充填密度を上げたいとき。

b）粉体焼結の接合を安定させたいとき。

c）粉末集合体が形成するポアの形に複雑化を避けたいとき。

d）液体、気体を濾過するフィルター作成のとき。

2．粉末粒径の形成

PREPにおける粉末生成のモードを、半径熔解法によってDDFに限定したので、様子は、電極端面に生成した融液がその円周部で、波形形成を経て液滴となり、回転遠心力によって離脱し、離脱と同時に、表面張力により球形になり凝固すると考えられる。波形形成は別として、ここでは、液滴の離脱が粉末粒子の単位であるから、この部分のみに注目すればよい。

液滴を投げ出そうとする**遠心力Fs**は、作用点距離ｒ×質量ｍ×角速度ω^2であるから、電極半径Ｄ／２、粒子質量m、回転角速度ωによって次のように表せる。

$$Fs = (D/2) \cdot m \cdot \omega^2$$

いっぽう、これに対し、液滴を電極側へ引き留めておこうとする**拘束力Fx**は、付着している部分の表面張力とすると、液滴径ｄ、表面張力γ、では、

$$Fx = \pi \cdot d \cdot \gamma$$

更に、ｍを粒子の体積かけ比重に置き換えて、次のように、作用（遠心力）、反作用（拘束力）の関係に置くと、

$$(D/2)(\pi d^3/6)\,\rho \cdot \omega^2 = \pi \cdot d \cdot \gamma$$

これは、粉末径ｄについて、次式のように整理される。[9]

$$\mathbf{d = k\ (\gamma \cdot \rho D)^{0.5} \cdot \omega^{-1}}$$

ここでｋ$(\gamma/\rho D)^{0.5}$は電極径を含む材料因子であり、Ｄだけが与えた値であるから、電極径を特定すればＭとおける。

$$d = M \cdot \omega^{-1}$$

一つの電極径においてえられたｄとω^{-1}の関係から実験的にＭが得られ、他の電極径についても、造りたい粉末粒径への回転速度選定表を作成することができる。

電極径の大きさの違いでは、特定電極径について、電極回転角速度ω（rpm）と、粉末粒径D_{50}の関係を、まだデーターは乏しいが、実験的に得られた関係を**図11**に示す。

電極径50mmでは、D_{50}に50μmを得ようとすると、回転角速度に20,000rpm以上が必要になる。大径電極を使う上で、経験的に言って、10,000rpmを超えるのは、安全上

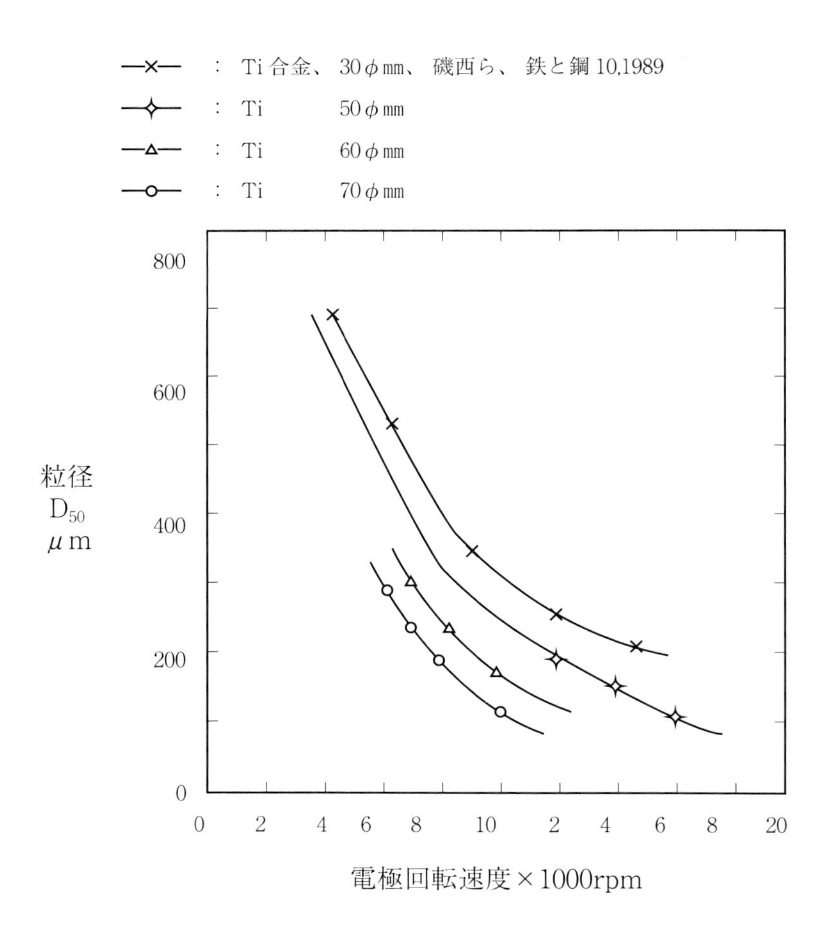

図 11．電極径の違いで得られる粉末の大きさ

避けたいとすれば、電極径アップで遠心力増を求めることになる。遠心力は、電極径に比例する。

PREP粉は正規分布であるからD_{50}に意味あり、また、粒子の生成を半径熔解法によりDDFに絞っているので、図のような評価ができる。

粉末生成モードがLDやFDを含む作業条件や、他の粉末製法で、粉末生成モードが複数混在するものは、このような数的単純評価にはならない。

３．電極棒の粉末冶金法による作成

電極棒は、熔解製造によるものを基本とし、インゴットからの切り出し、鋳型鋳造、エレガス、エレスラ製造など、材料の特質による。

しかし、丸棒のPREP電極の形に加工し難い合金、あるいは、熔解さえも手間のかかる金属、合金において、粉末冶金的方法で造ったものが、もしも適用できれば便利である。また、その方がコスト的に有利な場合も有りうる。

しかし、いまのところ、この方法による製造実績が十分ではないので、必ず予備試作実験を推奨する。この方法で造った電極棒は、本来の熔製電極棒とは区別して、筆者は「反応電極棒」と呼ぶことにした。したがって、これにより造られたPREP粉末には、「**反応電極による**」と表示されることを推奨する。

次ページに、反応電極棒の試作実験例を紹介する。

1）焼結による作成

原料粉を
目的成分比率で配合—不活性ガス中混合—CIP成形—真空焼結（またはHIP）

この場合、電極棒の原料として粉末が使われるので、厳重に酸素汚染の無いものを選ぶ、粉末は微粉ほどトータルとして表面積が大きく、製法によっては酸素量の多いものがあり厳重に調査し、低酸素が保証された粉を使用する事が必要である。PREP工程そのもので酸素量の増えることは無いと考えている。

また、PREP電極としての特徴として電極棒構成原料の中に、融点や材料粒子の大きさが極端に差のある材料が含まれる場合、PREP時、先に融体化し、電極面で未溶融の粒子を含んだまま、土石流のように流体化して、電極を離脱し、未溶融のままPREP粉末に混入する恐れがある。その1要因である融点について集めたものが**表2**である。高融点のMoやWを単独組成で配合された電極棒は、PREPに適用できない。

このような時は、この電極棒構成元素の中から、MoやWとの合金で融点の突出を避けられる場合はこれを活用した配合計算で可能性検討の余地はある。金属炭化物には注意に該当するものが多く、そのままでは、焼結電極棒には使えないおそれがある。いずれも上記対策の上、予め試作実験して、確かめて取りかかる必要がある。

表２．焼結電極棒作成のひとつの留意点

配合元素	融点℃	備　考
W	3410	要検討
Mo	2625	要検討
V	1900	
Zr	1860	
Cr	1860	
Ti	1860	目的組成への構成素材は、融点差が大きくならないよう、要素合金からも求める。
Fe	1593	
Co	1495	
Ni	1452	
Si	1430	
Mn	1245	
Cu	1083	

２）自己発熱反応合成（SHS）による作成

少量単位で実施

原料粉を目的組成比率に配合―不活性ガス中で混合（摩擦熱による温度上昇を警戒し、混合はゆっくりした動作のなかで長時間かける）取り出し時、微粉酸化発熱を注意し慎重に―CIP成形―化学反応しない炉材のもとで真空炉SHS―均一加熱処理―必要あれば形状修正加工

TiAl金属間化合物の粉末造りはTi粉末とAl粉末を混合し、PREP電極棒の形にプレス成形した電極を用いる方法を検討した。TiとAlには、約1000℃の融点差があり、単純に言って、それらの混合物はPREP電極には適さない。

しかし、この混合物は、真空炉で昇温中、Alの融点付近でTiとの自己発熱反応合成（SHS）がある。[10)]

SHSによってサイズ変化があるので、ミニサイズの円筒型プレス成型品で、予備実験を行った。**表3**[11)] は、真空炉加熱して、反応合成されたものの外観サイズと重量変化を見たものである。923Kの温度でSHSがあり、フルラメラー組織のポーラス構造に膨張した。直径はこのサイズで1.25倍になった。

このことをもとに、これまでの研究で得た情報を総合すると、SHSを利用したTiAlのPREPは**表4**のようなステップを踏み出せる。

表３．SHSによる電極棒作成では、サイズ変化を予測する

加熱温度 °K (3.6 KS)	試斜径 mm			試斜長さ mm			密　度		
	前	後	比	前	後	比	前	後	比
823	24.5	24.5	1.0	14.8	14.8	1.0	3.4	3.4	1.0
923	24.5	30.7	+1.3	17.0	21.5	+1.3	3.4	1.7	-0.5
↓									
1523	30.7	30.7	1.0	21.5	21.5	1.0	1.7	1.7	1.0

前項の焼結電極を含め、この場合も、粉末原料を用いているので、全工程中の酸素増加を厳重管理する必要がある。

図12は、SHSによる電極棒と、熔製によるそれとについて、電極棒とそのPREP粉末の酸素量を比較した結果である。いずれの試料においても、PREP粉末の酸素量は電極棒のそれを超えていない。**PREP工程中では酸素量は増えない**と言える。

表４．TiAl 金属間化合物の PREP

項　目	指定条件	根　拠	参考資料
素粉末の準備	熔製の Ti および Al 電極による PREP 粉末を作製	通常の市販粉末は、酸素量過多を注意	
配合	$Ti_{58}Al_{42}$	初晶 β を狙う	樫山：熊大工卒論('91)
混合 CIP 容器へ封入	Ar 封入 Y ミキサー低回転 内径サイズ：表３参照 ビニールテープ	粉じん爆発予防	
CIP	圧力：3.4GPa 保持：1min		
SHS	真空炉温度：1400℃ 保持：5hr		熊谷：96 秋粉協
PREP	雰囲気：Ar 電極回転：12000rpm プラズマ：160A、70V		熊谷：プラズマ応用学会６　'97 M. Nishida: Mat. TransJim4　'97

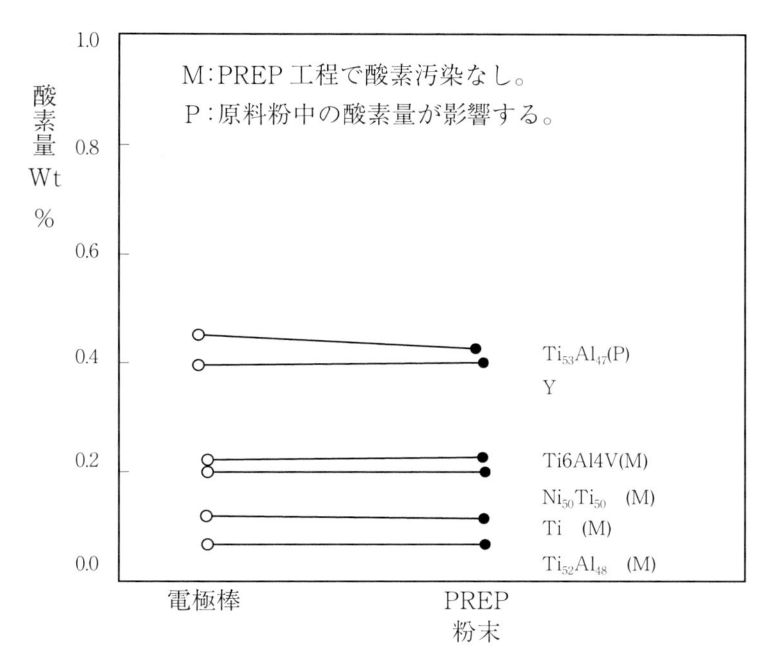

図 12．PREP における酸素汚染
(P：SHS 製電極、M：熔製電極)

いっぽう、市販粉末を原料にした電極棒では、酸素量が異様に高く、そのことにより、PREP粉においても高い。原因はSHS工程か、原料によるものかが疑われる。

市販粉末原料を用いたことと、そのPREP粉で酸素高が共通したので、まずは後者であるとすれば、ここで用いたTi粉末は市販の水素化チタンと言われるもの、Al粉末は、市販アトマイズ品であった。PREP工程では酸素増が見られないことに注目して、Tiの熔製棒電極とAlの熔製棒電極によるそれぞれのPREP粉末を造って、これらを原料に配合電極棒の作成が考えられる。

第3章　粉末生成時の急冷を利用した組織設計

TiAl金属間化合物は、軽量で、ある組成域においては高温で高降伏強度であるという特性が航空・宇宙機材として注目されている。粉末冶金でTiAlのものつくりのためには、粉末のホットプレスやHIPという工程があり、TiAlの高温高降伏強度のこの特性が粉末ホットプレスやHIP条件にどう影響するか興味があった。

PREPによる粉末は、他の製法によるものに比べ、球形で大きさの揃っていることから、粉末生成中は、少なくとも小粒においては、より均等な冷却条件下にあったと想像し、液滴がチャンバー内の中空を飛行中に、比較的急冷の凝固と、続いておこる固相のクエンチ組織に注目した。

〈TiAl金属間化合物〉

1. はじめに

本章でとりあげた材料は、TiおよびAl量がほぼ50対50（アトミック%）付近の金属間化合物を主体とする材料で、密度が約4という軽量で、しかも高い高温強度を有する領域である。

これによる鋳造でのもの造りの為に多くの研究者によって、常温延性の改善や、第3元素添加による高温強度のさらなる向上を目指して基礎研究が進められてきた[12)]。

筆者らは、粉末冶金の立場で、粉末ホットプレスやHIPの適用可能な粉末造りをめざして、粉末造りにPREPをとりあげた。それは、この方法が、不活性ガスに置換されたチャンバーの密閉静置ガス環境下で粉末が造られ、製造初期にチャンバー内は自己清浄化の特徴があり、酸素汚染につよいことを期待したものである。

さらに、チタン系材料熔解では必須の融液非接触熔解も備えているから、品質的に優れた粉末製法であると注目したことによる。

2．電極棒の作成

本来どおり、慎重な管理のもとに造った鋳造品を機械加工して$Ti_{57}Al_{43}$のPREP電極棒を用いた。本章では、さらに、PREPの特徴を利用して、TiとAlの量比の変化や、第3元素添加試作のやりやすい方法として、粉末冶金製法による電極棒つくりも試みた。

この場合のチタンおよびアルミの使用素粉末は、それぞれ**酸素量をチェックして、十分低いものである事と、さらに合理的にそれが保証されたものでなければならない**。

本実験の過程で気付いた事は、市販のTi粉末には、その使用目的によっては、酸素量が0.5%を超える異常に高いものもあり、選定を誤りなく、あらかじめ注意を要する。

PREP工程で酸素量は増えないのでTiもAlも、それぞれ酸素量の低い溶製棒を電極としてPREP粉末を造っておいて、これらを素粉末として配合し、電極棒を作る方法が考えられたが、本実験では再現のチャンスはなかったので、実証はできず、電極棒作成手順のみを主体に紹介する。

その作業工程は表4のなかで示した。取り扱う材料がいずれも大気中では、特段の注意深い緊張を要するので、最小単位でおこなった。所定の比率で配合したTiとAlの粉末を、単位最少量、不活性ガスボトルの中で安全な十分ゆっくりとした混合を行ったのち、ウレタン製円筒容器に封入し、電極棒の形にCIP成形した。容器から取り出し、次に真空炉の中でAlの融点温度近くまで慎重に昇温した。Alの融点温度付近で、外観は円筒形のまま、急に赤熱が観察され、SHS（自己発熱反応合成）を確認した。

TiとAlとでは融点温度差が1000℃近くもあり、この点から、これらの混合粉末の電極棒は、PREPには使えない筈であるが、SHSにより、合成反応した電極棒はTiAlのフルラメラー組織になり、HIP緻密化加工しなくても、PREPにおいて粉末生成モードに異常はなく、DDFが発現出来た。

3．PREP粉末のHIP成形

PREPで造った、主粒子径（D_{50}）250μmのTiAl粉末を、純チタンカプセルに真空封入し、**図13**に示す温度、圧力タイミングのもとで、HIPコンパクト材を作り、チタンカプセル部分を削除し、径60mm、長さ100mmの円筒形試料を得た。

このHIP材の鍛造テストを、不活性ガス雰囲気下、1223kの温度にて、長手方向3,8 X$10^{-4}s^{-1}$の歪速度で、高さ22mmまで、78パーセント圧縮した。**図14**にこれを示す。22mmの平板を、クラックなく正常な形で得た。

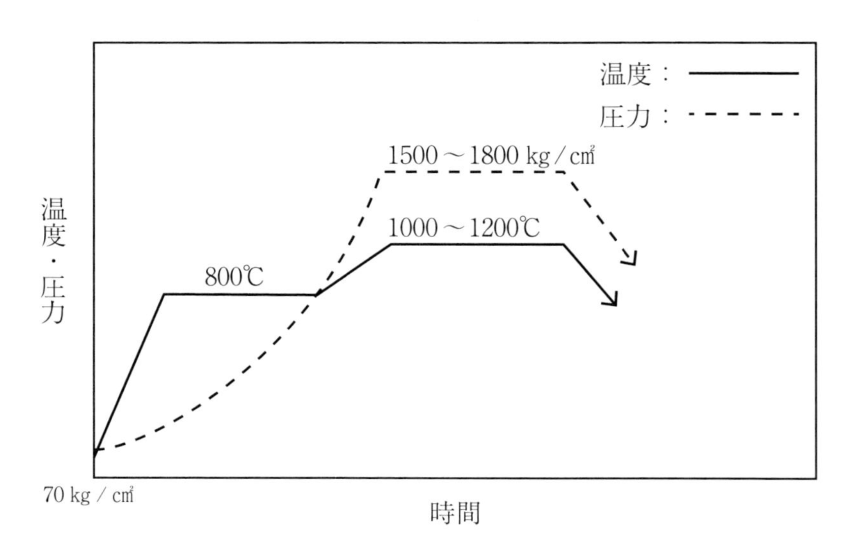

図 13．TiAl 試作粉末の HIP 条件

$60\phi\times100$mmの粉末HIP材を圧縮鍛造前後の外観

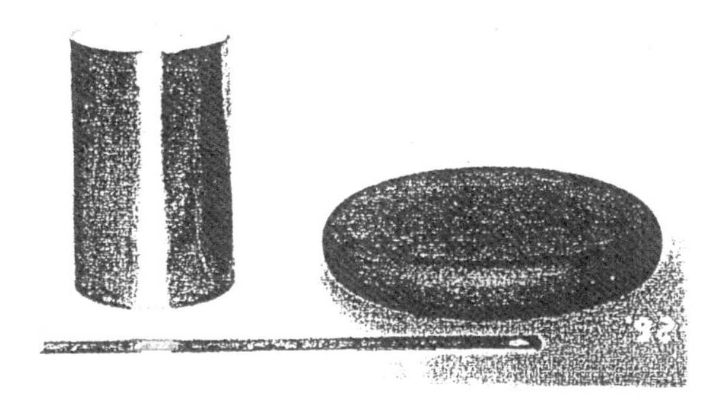

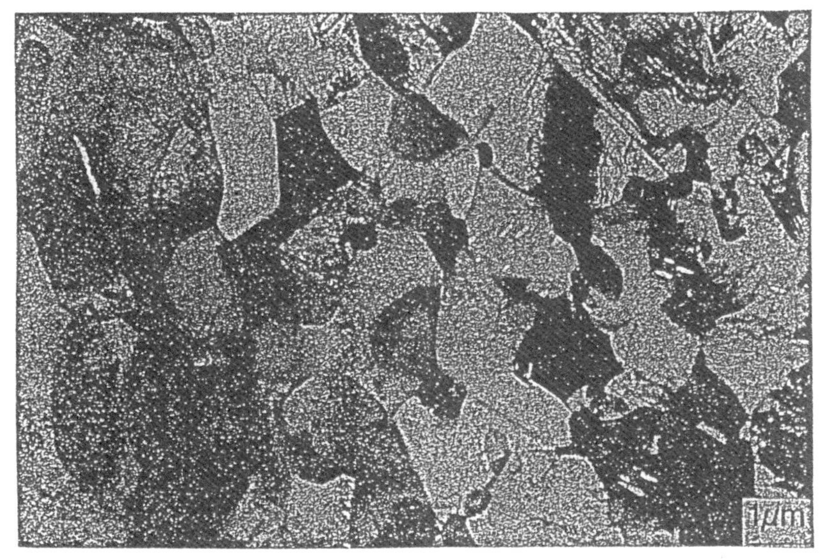

TEMマイクログラフ

図14. TiAl　PREP粉末のHIP材圧縮テスト

4．粉末組織とホットプレス

粉末冶金法で電極棒の試作が可能な見通しを得たので、TiとAl 2元状態図**図15**にしたがいTiリッチ組成を試みた。

Al比40（アトミック%）で得たPREP粉末のホットプレス初期における断面の緻密化途中組織を**図16**に示す。粉末組織の違いによって、プレス緻密化変形の違いが見られた。粉末の丸い形を残しているD部分は、粉末においては表面のSEM像がデンドライト状であったものである。

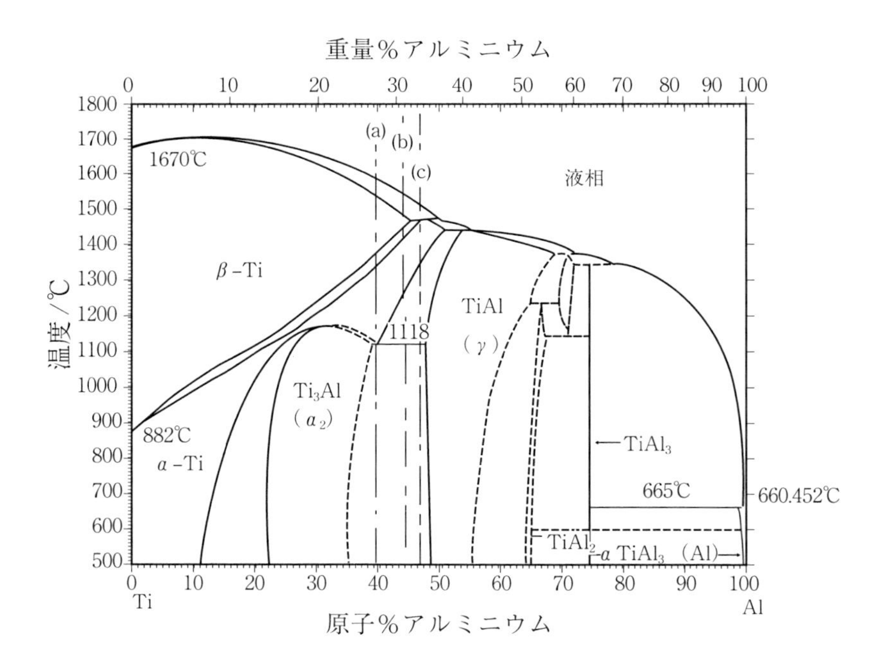

図15．チタンリッチ TiAl の検討

粉末表面 SEM:M 型

（bcc）　β 凝固し急冷変態した相

粉末表面 SEM:D 型

デンドライトアームの
60 度交差した（hcp 構造の α 相など）

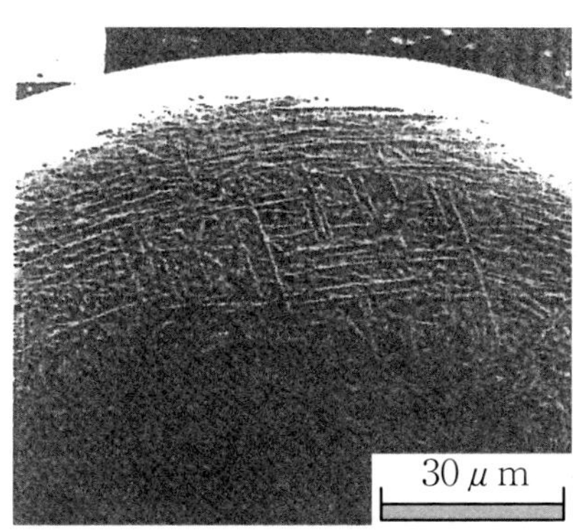

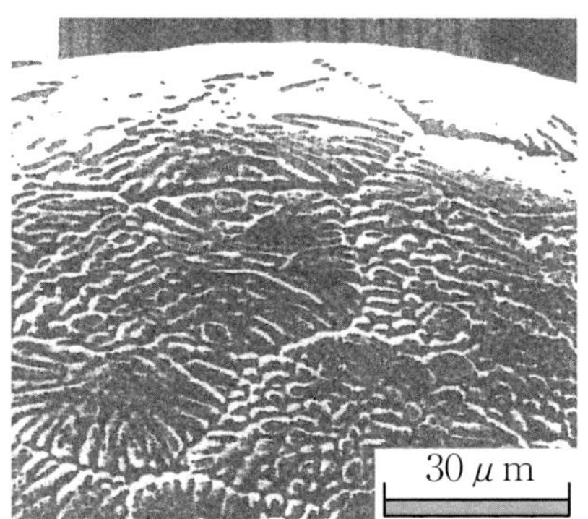

ホットプレス材光顕：荷重軸方向断面

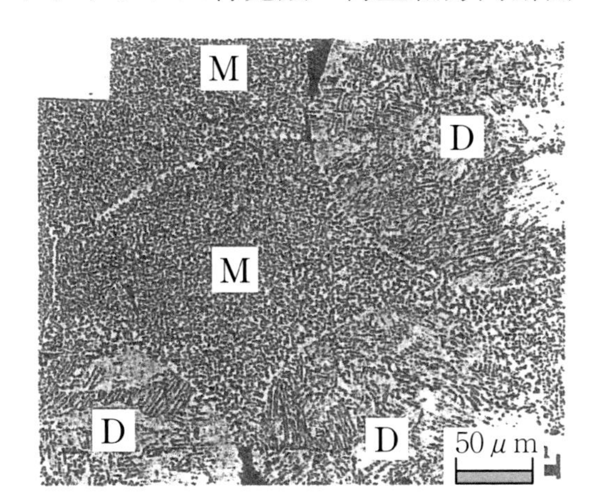

M：粉末が変形し緻密化ゾーン
（γ およびラメラーと若干の α_2）

D：旧粉末粒界を残すゾーン
（α_2 微細粒）

図 16．粉末の急冷組織がホットプレスの緻密化をたすける

また、ホットプレスで変形したM部分は、粉末では、表面のSEM像に顕著な形は見られず、粉末の熱処理組織解析などから、粉末生成の初晶はbcc β相で、固相でクエンチによる成分無拡散変態したマルテンサイト状のものとみられた。
クエンチされた粉末粒子（M型）は、ホットプレスにおいて、TRIP現象のような、変態中動的塑性を示したものと考えられた。

M型粉末を多く含む生産条件のひとつ、初晶βの組成では、Al40at%付近のチタンリッチ組成が考えられ、また、固相クエンチに関しては、実験調査によって、70μm以下の微粒子に有効な冷速があると示唆された。

5．小括

TiAlによるものつくりを、鋳造のほかに、かたち造りに便利な粉末冶金法の利用を探った。それに用いる粉末造りは、酸素汚染防止に強いPREPを選び、粉末実験試作に、組成比自由なTi粉末とAl粉末素原料配合によるSHS電極棒をつくって用いた。ここで、SHS製電極棒によるPREP粉末の酸素汚染に遭遇し電極棒つくりに用いたTi粉末とAl粉末の酸素を退治する必要が考えられた。

TiAlの高温高降伏点の材質的特徴が、粉末から成形のホットプレスにどう影響するかを見ようとした。その結果、粉末ホットプレスに難点は無く、粉末が製造過程で経験する急冷組織によってホットプレス緻密化はむしろ促進されることを経験した。

TiAlのAMにおいて熔着部に割れが生ずるとすれば、このチタンリッチ組成域には興味がある。

第4章　球粉の拡散接合

〈人工関節の表面ポーラスコート〉

1．はじめに

人工関節の金属による作成利用はかなりの歴史を重ねてきた。多くの面でグローバル化した今日、そのサイズや形状にも、ニーズが多様化し、コンピュータ設計、工作技術の革新、あわせて、映像、通信技術の普及で、タイムリーに国際化が進んできた分野の一つと言える。

適用は、**図17**に示すような股関節に多く、膝関節、肩、肘等の順で装着件数があると言われている。

本章では、それらを人体へ装着使用中に起こる“ゆるみ”Loosingの防止対策の一つとして行われてきたビーズコートに関するものである。ここで言うビーズとは、粒径が100μmから500μmの間の、特定粒径範囲の金属球体である。適用個所によって粒径を使い分け、化学組成は、ASTMサージカルインプラント規格によった。

これは外科医療のみならず、歯科インプラントにおいても関心が寄せられた。

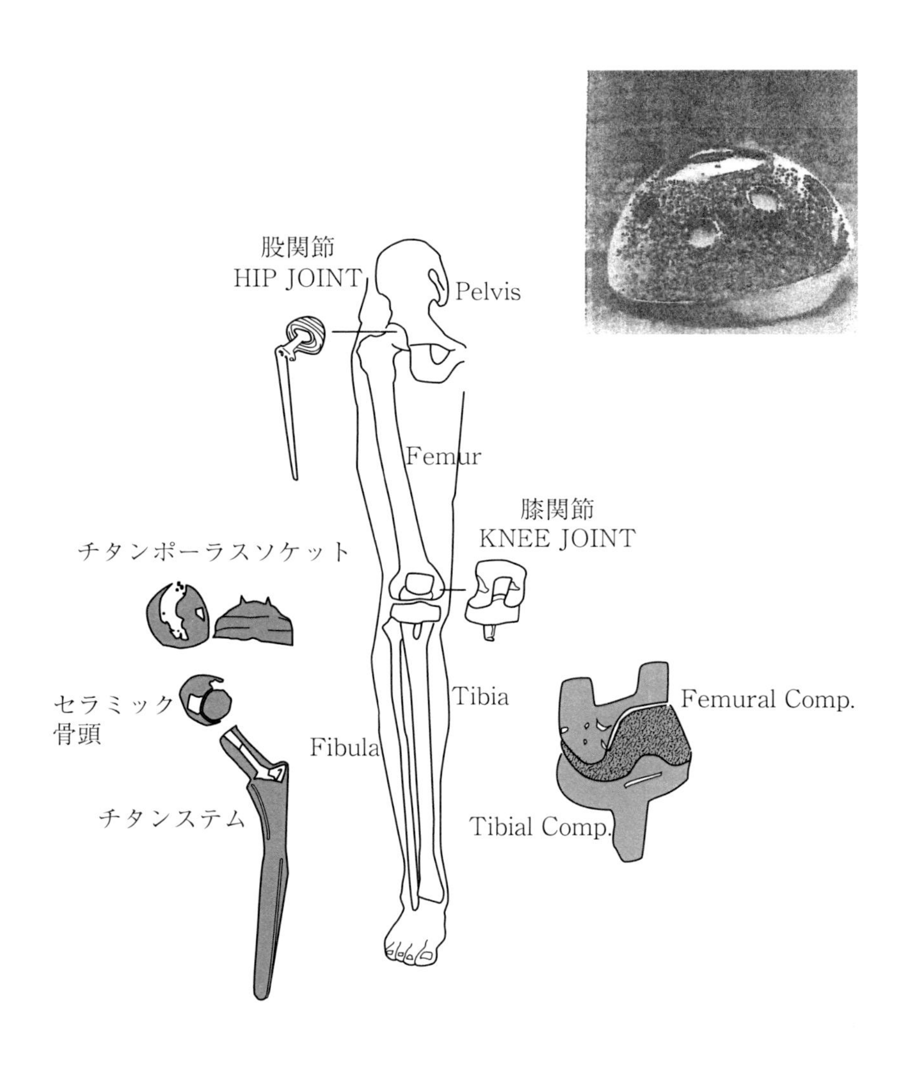

図 17. 人体装着例の多い人工関節

2．ビーズコートのねらい

1）使用ビーズの径を選ぶ事により、そのコート層に形成されるポアの大きさを設定出来る

図18は、ビーズ径とその集合体に形成される計算空孔径の関係を示す。同一径の球の集合体は、複数径の間隙によって構成される。生体組織の侵入を目的とした空孔であるから、少なくともこれだけの大きさがほしいという観点から、生成する複数径のうち、最も小さい空孔径、d_1に注目すると、それは、ビーズ径Dの約15%である。ビーズ3個が隣接して形成する空隙径である。空隙径とは、空隙を通過できる球の径である。

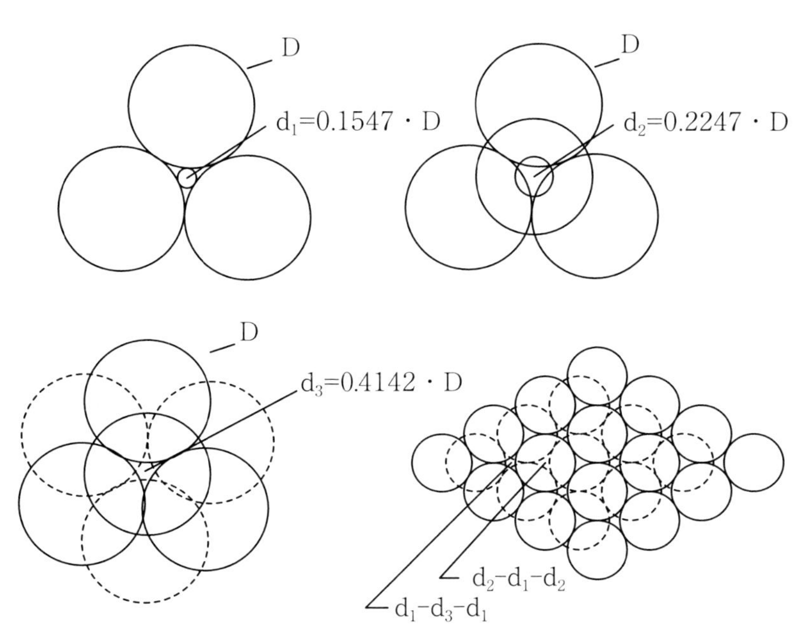

図 18. 必要なポアの大きさを使用ビーズ径で選ぶ

$d_1 = 0.1547 \times D$

実際の空孔径は、これとは異なる。接合作業によって空孔は変形し、径を知るファクターは存在しない。しかし、この15%はビーズ径選択のよりどころとして、指標にはなり得ると考えている。

こうして、ビーズコート適用個所の新生骨または生体組織の侵入条件に合わせることができるという期待がある。

2）ビーズ球体の集合体に形成されるポアはすべて連結しており、行き止まり閉鎖孔を形成しない

体液の流通が生体組織の成長に有効であるとしたら、閉鎖、または、それに近いポア形状は、生体組織の成長にとって望ましくない。そのためには、ビーズの均等径と球形の精度には意味がある。

PREPで造られるビーズがこれに対応できる。

3）生体組織がビーズを包み込むように成長し、固定効果が高い

これは、動物実験や人体より取り出した実際写真の例示も多く、生体組織がビーズに回り込んで、人工骨の固定効果を高めた構造である。ある時期、人工骨に行われてきたような、表面からの粗面機械加工では、得られ難い形状である。

人工骨作成をＡＭ技術で行う場合、ルージング対策の表面加工にまだ課題が残るとしたら、ビーズコートのこの臨床からの実用実績を参考にし得る。

３．ビーズコート層の接合強度

ビーズコートされた実用品のビーズ接合強度は、スクレーパ刃によるかきとり強度方式で筆者らにより試みられた。しかし、試験体が複雑な接合形態を含み、結果の評価は標準化が難しいと判断した。

そこで、主として粉末冶金の分野で利用されている試験規格に準じた方法で、接合体の強度と接合条件との関係を見ることにより、ビーズコート作業条件の目安を得るようにした。

以下の実験における固相拡散接合の条件は、実験項目としての変数以外は、真空度10^{-5}~10^{-4}Torr、加熱温度1573k、同保持時間18Ksとした。ビーズ以外の材料は、サージカルインプラント規格ASTM　F136該当の化学組成のTi6Al4V・ELIを用いた。

１）押しぬきテスト

F136（Ti6Al4V・EL1）の、厚さ15mmの円板中央に12mmϕの穴をあけ、そこへ同じ化学組成の、直径10mmの丸棒を中棒として貫通させ、中棒と円板穴との隙間に試験体ビーズ、ASTMF67（純チタン）のPREP粉末を充填した。いろいろの温度と時間で真空炉加熱（拡散接合）した。

加圧試験機で中棒を押し抜き、その時の最大荷重を、円板厚さに対応する中棒円周面積あたりの強度で表示した。試験片サイズと、試験結果を**図19**に示す。

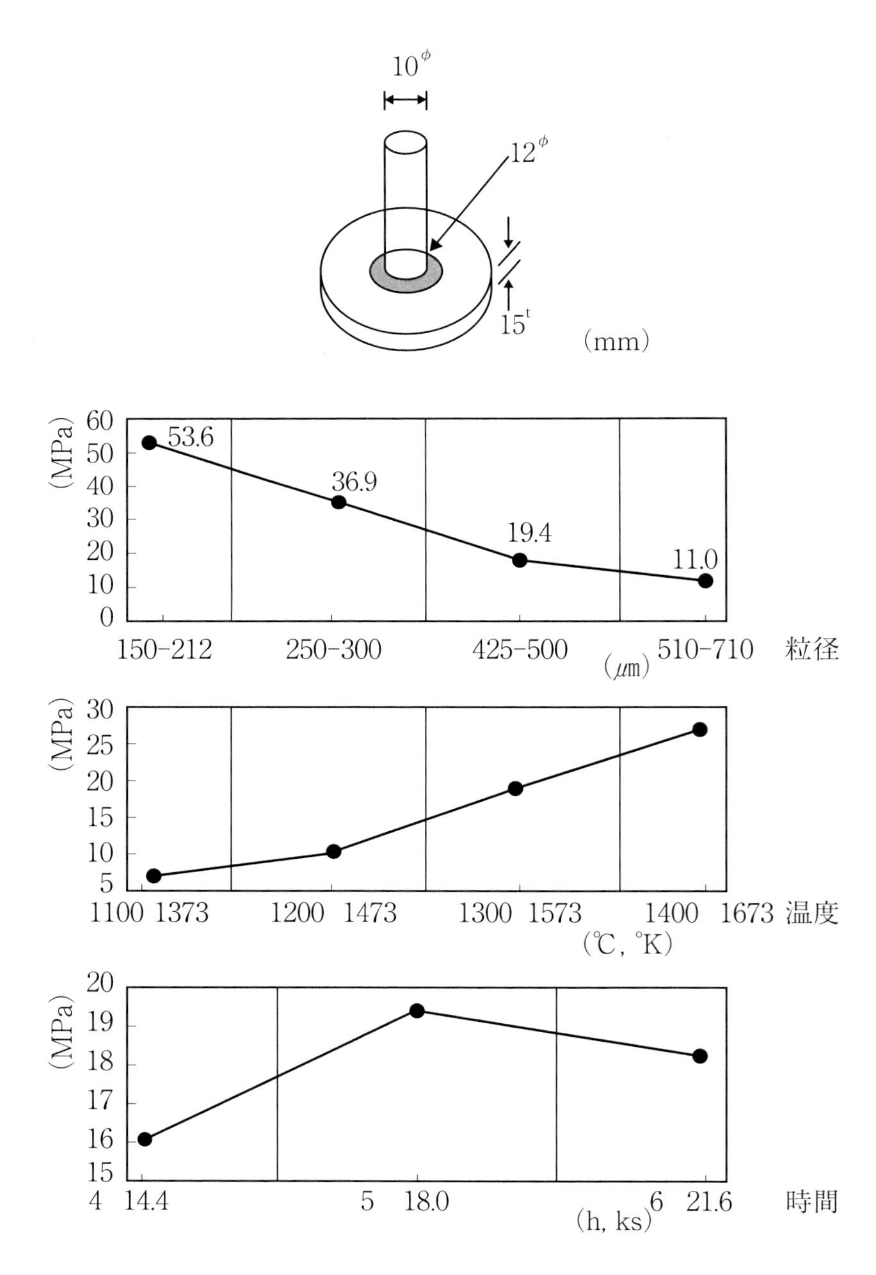

図 19. 押し抜きテスト結果

ビーズ径の影響

粒径は小さいと強度の高いことが示された。ネッキングのちがいもあろうが、多くは、ビーズの接触点数（接合点数）が多いことによると考えられる。

接合温度の影響

ビーズ粒径を特定範囲で、真空加熱の保持時間一定のもとで温度を変えた実験では、この実験範囲では温度の高い方が強度は高くなっている。接点におけるネッキングの成長によるものと思われる。

接合保持時間の影響

ビーズの粒径、真空加熱温度を特定のもとに、真空加熱時間の影響をみたものでは、本実験条件下では5時間でも十分であろうという結果となった。

２）リングシェアテスト

前項の押し抜きテストで、ビーズコートの拡散接合作業条件に参考値を得た。これはビーズ層を両面から拘束した状態で中棒を押し抜く強度である。

いっぽう、片方オープンの試験方法である、ASTM F 1044-87にも注目した。このほうからは、ビーズコートした物からのビーズの零れ落ち（接合不良）トラブル発見の情報が得られることを期待した。

Ti6Al4V・EL1材で直径が6.3mmの丸棒円周に、純チタンのビーズを、厚さ1ｍｍに拡散接合コートした試験片をつくった。使用した純チタンの粒子径は、前項の押し抜きテストと同じである。

試験片形状と結果を**図20**に示す。丸棒外形とほぼ同じ孔径のダイス穴をとおして、ビーズ層をしごきとる時の最大荷重を、ビーズ層の接している面積で割った値をとった。

ここでも、ビーズ径の小さい方が測定強度は高く、ビーズコート層は、小粒子化にともなって、剥離しにくさは直線的に向上することを示した。破壊位置はこの方法から、当然のことながら、ビーズと母材との界面であり、前項の、押し抜きテスト結果との間に、大粗粒以外の、人工関節表面コートに使われる粒径では、若干低い傾向を示した。

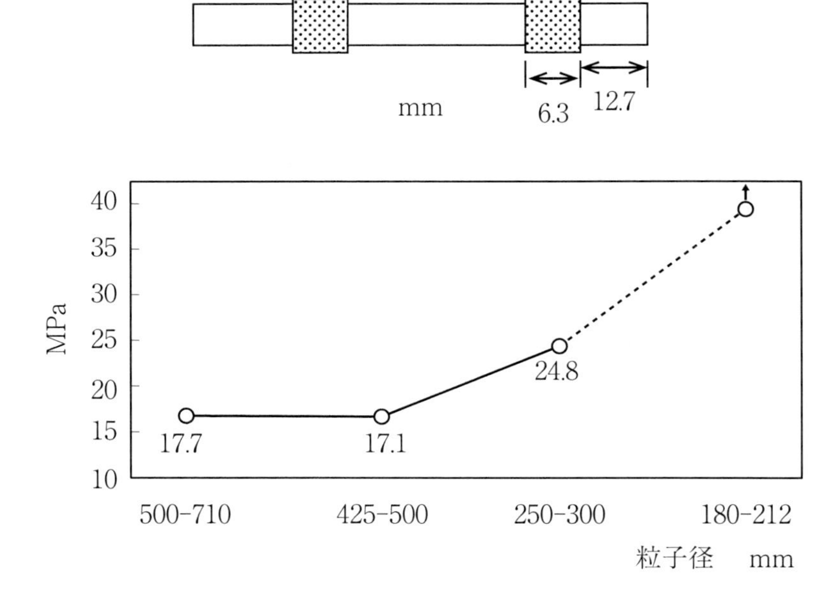

図 20. リングシェア テスト結果

3）ポイントテスト

固相拡散接合は接合母材の接していることが基本である。ビーズの積層部において、ビーズ対ビーズは互に複数点の接点を持つ。母材対ビーズのビーズは、母材に対し1点の接点しか持ちえない。この部分にある変化を持たせえたら、ビーズ接合の強度アップがはかれであろうと考えた。

母材平面部へビーズ1個をのせて拡散接合し、この粒子をアムスラーにより、側面から剥離させ、破壊強度を調べた。接合に当たって、母材側は、単純な平面○、ショットブラストによる粗面加工▽、ならびにビーズと同じ組成の微粉末を微量下コート☆、の3種類とした。

試験結果を**図21**に示す。平面母材において、1粒子1か所あたりの破壊強度は4.9N（0.5Kgf）程度であった。粗面加工面では、いくらかの面接触が含まれたことで、強度の少し上がった粒子も含まれた。ビーズと同じ組成の微粉を下敷きにしたものは、顕著な強度アップが見られた。その状態の想像スケッチを図中に書き加えた。

これらの実験から、母材表面の状態はこの接合に重要な結果をもたらすことに注目したい。そして、反対にビーズ側についても、異形粉なく、母材側へ安定した接触形状を持つ、球形に揃ったPREPビーズの意義にも通ずると考えられる。

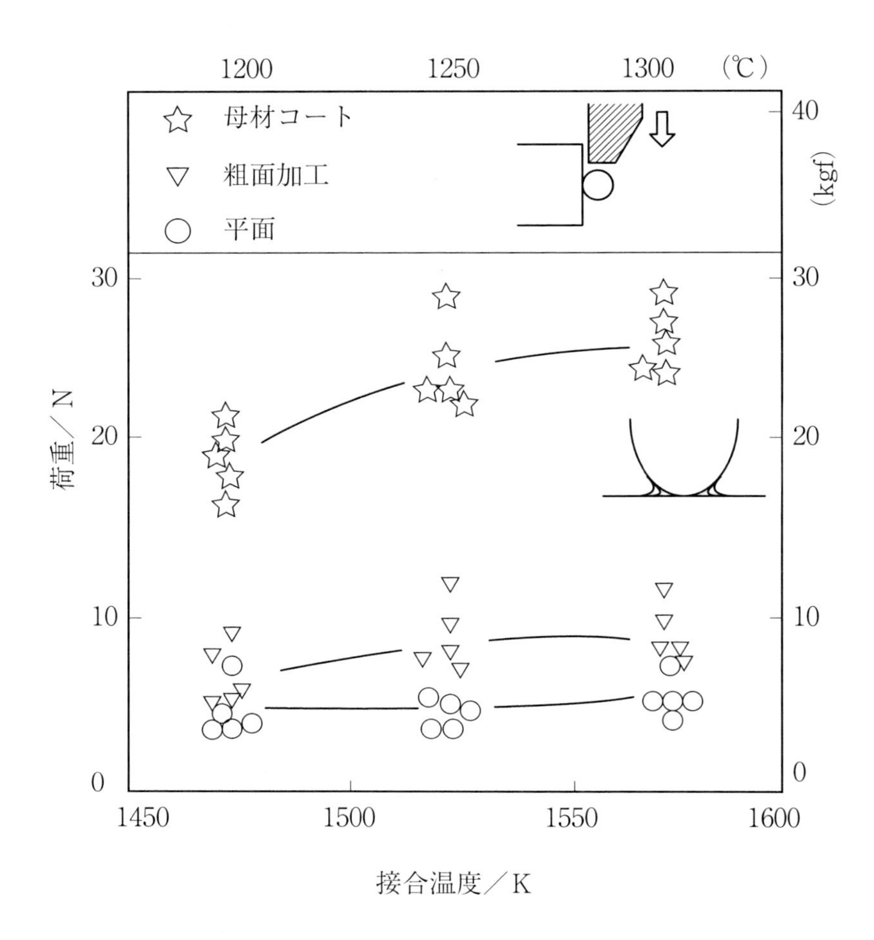

図 21. 母材面とビーズの接合強度アップをはかる

４．ビーズコート作業

臨床からの要求によるビーズをコートする箇所は、曲面や複雑面への対応となり、かつ、コートしたビーズ層の表面を滑らかにそろえるため、耐熱型材を作って用い、型と人工関節母材との間隙にビーズを振動注入する。このかたちで、真空拡散接合した。

○型材は接合材との間で化学反応しない材料をえらぶ。
○接合加熱で両者の熱膨張差により、型材が割れるので、念のため接合材金属の熱膨張試験をおこなって割れない上限温度を求めておく。
○これらの条件のもとで一次接合して、型を除去後さらに仕上げ接合する。ビーズコートされたものは、液体に濡れると真空乾燥しか除去できないので取扱いに注意を要する。

５．小括

人工関節の製造は、本体については、AMの1種、粉末積層造形法でも検討が進められている。これまでの長い年月の間に経験された人工関節における進歩を、AMの上でも復習していくと、Loosing対策が必要になる。表面設計をAMのなかで処理できるか、表面だけは、すでに実績のあるメッシュコートかビーズコートにするのか、ここにおいて、AM表面の冶金的特徴が拡散接合にどう影響するか、調査課題が残る。

第5章　積層造形における粉末の歩留まり

〈粉末の球体選別と再生〉

PFT：Powder Fluidity Test

1．はじめに

AM技術（Additive Manufacturing）の多くのプロセスの中で、金属粉末をフィラーとして使う積層造形法では、これに用い得る粉末の要件として、粒子の大きさ（粒径範囲）と良好な送給性があげられている。送給性については、この用途において限定すべき評価方法はまだ見当たらないようである。

現用粉末の多くは、ガスアトマイズ法製で、送給性に負の影響を示す微粉ダストや非球形の異形粒子の混入は、粉末製造時に特別厳重に除去されている。それほどに粉末の送給性は、造形工程の生産性に大きく関与する。造形始動時のほか、工程中においても、更には、粉末のリサイクルユースにおいても、これは工程の維持管理に主要な項目である。

また、特別な用途では、更に粉末の表面処理や形状加工もおこなわれると思われ、これらも送給性数値化の対象になるので、粉末の送給性は、数値で共通的に把握され、管理することが、本技術における重要な軸になると考えられる。

2．送給性の識別

粉末の送給性に係わる流動性については、医薬や食品工業などで対象が広いので、その試験方法も数種類が存在する。それらを応用してAM粉の送給性との関係を検討したり、数値化の努力がなされている。

金属粉末のAMでは、現場的トラブルの予防を考えると、不要粒を篩別除去後、**粉末形状に係わる識別が直接送給性を捉えやすい**と考えられる。

まるい形は、傾斜した平面を転がすことによって識別される。本書では、この識別手段を、粉末の特性表示試験として、あるいは造形使用後粉末の再生作業のなかで利用する。この方法や試験値を総称して仮に**PFT**（Powder Fluidity Test）と称することにする。

1）評価装置の構成

装置の模式図を**図22**に示す。

平ベルトコンベアを、傾斜昇り坂回転に設定し、試料をベルト中央部へ定量カップで少量挿入する。

ベルトには小入力のバイブレータを接続しておく。試料は、ベルト上を低い側へ転げて行って下受け皿へ落ちる。試料粒子で転がりにくい形のものは、ベルトの回転によって、上トレイへ運ばれる。これはD（ダスト）として評価する。

傾斜上 ⟵ 平ベルトコンベア ⟵ 傾斜下

ダスト
受け皿

検体
受け皿

ベルト駆動　テンションローラー　アイドルローラー

パワー電池

水準器〔可変〕

図 22. 球体選別試験（送給性 PFT 評価）

転げ落ちる粒子も、変形程度の小さなもの（球形）は、ベルトの傾斜下部へ、また、ある程度変形した粒子は、変形程度に応じ、傾斜方向からずれる。これらを含めて下トレーに受ける。

2）試験条件

試験条件は試料の特性（とくに比重、非球形多量など）によってかなり異なると考えられ、下記固定項目は予備試験によってさだめて、試験を実行し、試験結果に付記する。
付記記載の試験条件

固定項目
平ベルトの傾斜角度・振動数、昇り速度、投入粉末量

3）結果の表示

各トレーの粉末量構成％を記録する。さらに、例えば**表５**に示す要領で、送給性の数値化をはかる。これを仮に**PFTと呼ぶ**。

この表については、試験条件と造形装置との絡みでまだ問題があり、筆者の実験結果では改良を要するが、いま、あえて紹介し、参考とする。

表５．送給性評価試案

<table>
<tr><th colspan="2">トレーナンバー
（受け皿）</th><th>1</th><th>2</th><th>3</th><th>4</th><th>5</th><th>6</th><th>7</th><th>D</th></tr>
<tr><td colspan="2">試験値
（wt %）</td><td></td><td></td><td></td><td></td><td></td><td></td><td></td><td></td></tr>
<tr><td rowspan="6">評価グレイド</td><td>PF-1</td><td></td><td></td><td colspan="3">97 以上</td><td></td><td></td><td>3 以下</td></tr>
<tr><td>PF-2</td><td></td><td colspan="5">97 以上</td><td></td><td>3 以下</td></tr>
<tr><td>PF-3</td><td colspan="7">97 以上</td><td>3 以下</td></tr>
<tr><td>PF-4</td><td></td><td colspan="5">Rem</td><td></td><td>3 ～ 10</td></tr>
<tr><td>PF-5</td><td colspan="7">Rem</td><td>3 ～ 10</td></tr>
<tr><td>PF 外</td><td></td><td></td><td></td><td></td><td></td><td></td><td></td><td>10 以上</td></tr>
</table>

3．粉末の再生

リサイクル粉末には、造形時の熱照射によって凝集した粒子が混入しており、メッシュ除去だけでは、異形粉の弊害を十分除去されない。PREP粉は原粉が球体であるから、結合の形態から言って、ボールミルの要領で凝集粉の解砕効果はある程度有利と考えられる。

粉末と**同材のPREP電極残材を使って、円筒ボールミルの要領でゆっくりした回転のもとに**処理を行う。円筒材は摩耗粉の出ない硬化プラスチックなどから材料を選ぶ。

他の方法は、合わせ2面に挟んで軽いバネ荷重で粉末を揉むように解砕する方法もあるかも知れない。解砕機側の摩耗粉混入を避けた材料選択と軽い荷重、そして、解砕後は、メッシュ選別によるダスト除去と、PFTの要領による転がし球体選別の方法で技法の確立を期待する。

4．小括

積層造形における粉末の均一厚コートのためには、使用粉末の球形意義は大きい。リサイクル使用においても、解砕後これを転がし選別を軸とした再生効果を期待する。

第6章　総 括

PREPは、金属の球粉つくり能力が高い。古くは、外国で、乾式複写機のトナーキャリヤーとして、あるいは、本書第４章に紹介している人工関節の表面ポーラスコート用ビーズとしての粉末造りで使われたと言われている。これらは、球体と言う**形**に目を付けた用途であると共に粒径は100μm以上の大きめの領域であることが特徴である。

その後、国内ではPREPの安定した使い方をはじめ、細かい径の製造をもとに、粉末冶金製電極棒の実用化検討を含め、新しい応用面を模索した。

近年、AM技術の進展によってPREPが見直されようとしており、ここで適用を図るうえで、これまで危惧されて来たPREPへの認識を軸にこの章を進める。

プラズマによる熔解コントロールが難しい

熔解作業でまず経験するのは、中央熔け込みに基因する融液流動の不整であり、電圧アップ（極間隔アップ）を中心に電流電圧の調整に悩むという例が多い。

また、熔解停止後を見ると、電極円周のほぼ、全周で液滴が生成していたかのように見える場合がある。これは熔解停止と同時に生成したものであるが、そういう粉末生成モードを求めて電流電圧の適正値を探るとか、この形を作ろうと電圧アップのほか、溶射のような非移行性プラズマまで持ち出すような迷いもあったようである。これらはLDやFDの生成モードが混在し粒径の揃いは損なわれる。

この問題を解決したのが「半径熔解法」である。粉末の生成を電極面円周の一か所にすることで、液滴は常に特定位置から離脱し、粉末生成モードはDDFに限定される。電流電圧熔解条件に作用されにくく、熔解作業を容易にした。この一点をしてもPREP熔解の難しさを払拭したと考える。

電極棒の取り替えと残材発生で高コスト

電極棒を取り替えるために、チャンバーを頻繁に開放するようではコスト高を招く。図1に示したPREPの粉末造り模式図の装置だけでは粉末は生産できない。他に、電極棒取り替えの方法ありを前提としている。本書ではチャンバー外からのアーム操作によるものを紹介した。さらに取り換え本数増は装置内のスペース的に限度があり、電極棒の長尺利用法あるいは、エンドレスの熔解方法を開発する場合は、チャンバーの水冷強化が必要となる。

電極棒の残材再生は、不活性ガス雰囲気下で、回転摩擦圧接法による。接合部分が同質同サイズと言う好条件下にある。チャンバー内の雰囲気を利用して、外からのアーム操作で接合の方法があると考えられる。

PREP熔解は、念のため接合部分を避けるとしても、適切な接合で、これにより残材は極少化される。

生産能率が低い

ガスアトマイズ法との対比でみているとすれば誤りである。PREPへは、これとは別種の機能を要求している。積層造形の進展にチタン系材料や他の軽金属材料は欠かせないので、品質保証技術と併せて、新材料開発に貢献しなければならない。

PREPはガスコストが低く、酸素汚染に強い

ガス置換した密閉チャンバー内で、静置環境のまま運転するのでガス使用量のランニングコストは、極めて低い。

粉末生成雰囲気は連続状態が維持されるので、この特長が、装置下部の複数バルブ使用によって採取された試料により記録管理される。使用されたガス純度が適切であったかも証明される。

歯科や外科の医療用材料規格、（サージカルインプラント規格）を満足するにはPREPは有利な製法である。

AMにおける粉末歩留まりの向上

粉末積層造形をコストダウンするには、粉末の選別と再生が適切に行われなければならない。本書では、粉末転がしを基本にした新しい球体選別を提案した。造形作業を乱す送給性の悪化は、非球形粉の発生ととらえ、転がして選別する方法を試みた。

その先に、AMにおいて共通的に使用できる送給性の数値化へ発展のきっかけになることを期待する。

新しい化学組成の電極棒を試作する

粉末冶金による電極棒試作をTiAlで試みた。実験的でまだ試作の域を出ないが、今後に発展のヒントを提供できたと考える。

あとがき

この小冊子は、「PREPオペレータへの伝言」として書いてあったものを、その後、AM技術の進展があり、AMが送球性粉末を要求していることに鑑み、PREPが参考になるかも知れないとの思いから、手を加え刊行を思い立ったものである。粉末冶金製電極棒の試用記事では、未熟データも記載した。“失敗は発明である。”と言う古辞にならって、あえて記載した。

AMはある面、肉盛溶接であり、溶接技術にかかわりが深いと考えており、関係研究委員会、ならびに、プラズマ応用科学研究会で部分的に発表し討論と教示を給わった。

文 献

1）磯西和夫、貴戸信治、時実正治；鉄と鋼、76（1990）

2）熊谷良平；ジョイテック、1990,1

3）溶接学会編：産報出版、新版溶接・接合技術特論

4）安藤弘平、長谷川光雄、共著：溶接アーク現象

5）日鉄溶接工業㈱ 商品カタログ、1989

6）熊谷良平、吉武雅美、日高謙介、時実正治;溶融と液滴の生成、粉体および粉末冶金、42（1995）

7）熊谷良平、吉武雅美、岩津　修、時実正治：粉末粒径の制御、粉体および粉末冶金、43（1996）

8）石崎敬三；アグネ社、アーク溶接の物理

9）B.Champagne and R.Angers ; Powder Metallurgy International,16（1984）. 125

10）海江田義也：金属材料技術研究所、研究報告集 12（1991）

11）熊谷良平、吉武雅美、岩津　修、日高謙介；粉末焼結により造った回転電極法用 TiAl 電極の評価、粉体および粉末冶金、44（1997）

12）超耐性環境材料シンポジューム

13）竪山智直；熊本大学材料開発工学科卒業論文（1991）

14）M. Nishida, Y. Morizono, T. Kai, Jun Sugimoto, A. Chiba and R, Kumagae ; Materials Transaction, JIW, 4(1997)33

15）M. Tokizane and R. Kumagae ; International Conference of PMAerospace Materials. Nov. 4-6, 1991

16）M. Zdujic, MSokic, V. Petrovic, D. Uskokovic ; Powder Metallurgy Internatioal, 18(1986)、275

17）小林紘二郎：日本金属学会会報、22（1983)、745

18）B. Chalmers ; 岡本平、鈴木章共訳、丸善㈱、金属の凝固

19）清水謙一；金属、Vol. 66（1996）No. 6

20) 加藤 昇、田村 博、真木成美、鈴木雅史、熊谷良平；変態超塑性による応力緩和が、鋳鉄の溶接割れに及ぼす影響、溶接学会誌 Vol. 47, No. 12（1978）
21) 熊谷良平、吉武雅美、日高謙介；チタン球形粉による焼結体の結合強度、粉体粉末冶金協会講演概要集平成五年度春季大会
22) 異形粒子の分離装置；特開平 04-317777

〈関連資料〉

METALLIC MATERIALS FOR SURGICAL IMPLANT

品 種	規格，グレード	C max	Na max	Si max	Al	Cr	Ni max	No	Ti	Co	Fe max	N max	O max	H max
Ti	ISO 5832/11 グレード 4	0.10	—	—	—	—	—	—	Bal	—	0.50	0.05	0.50	0.015
	ASTM F67　グレード 1	0.10	—	—	—	—	—	—	Bal	—	0.20	0.03	0.18	0.015
	BS S531-2　グレード T1	0.08	—	—	—	—	—	—		—	0.20	—	0.50	0.0125
Ti6AI4VELI	ISO 5832/111	0.08	—	—	5.50 ~ 6.75	—	—	3.50 ~ 4.50	Bal	—	0.80	0.05	0.20	0.015
	ASTM F136	0.10	—	—	5.50 ~ 6.75	—	—	3.5 ~ 4.5	Bal	—	0.20	0.05	0.20	0.015
	BS 3591-2 グレード TA1	0.08	—	—	5.50 ~ 6.75	—	—	3.5 ~ 4.5	Bal	—	0.30	—	0.20	—
CoCrMo	ISO 5832/1V	0.35	1.0	1.0	—	26.5 ~ 30.0	2.5	4.5 ~ 7.0	—	Bal	1.0	—	—	—
	ASTM F75	0.35	1.00	1.00	—	27.0 ~ 30.0	1.00	5.0 ~ 7.0	—	Bal	0.75	—	—	—
	BS 3531-2/Mo	0.35	1.0	1.0	max 0.14	26.5 ~ 80.0	2.5	4.5 ~ 7.0	max 0.14	Bal	1.0	—	—	—

金属生体材料規格（Surgical implant）

材　料	（米国） ASTM	（英国） B・S	（国際） ISO
ステンレス鋼 （SUS 316L 系）	F745-81 F55-82 F56-82 F138-86 F139-36	3131-2（A） （B）	5832-1-87（E）
CoCrMo CoCrWNi CoNiCrMo CoNiCrMoWFe	F75-87 F90-87 F562-84 F563-88	3531-2（Mo） 3531-2（WNi）	5832/IV-78（E） 5832/V-78（E） 5832/6-80（E） 5832/7-84（E）
Ti	F67-88	3531-2（T_1） 〜 （T_5）	5832/11-78（E）
Ti6AI4VELI Ti6AI4V	F136-84 F620-87 F1108-88	3531-2（TA_1）	5832/111-78（E）

金属間化合物の生成エンタルピー

△ H (kJ/mol)

CoAl	− 108.3
NiAl	− 117.6
Ni_3Al	− 169.7
FeTi	− 40.6
Mg_2Ni	− 39.5
NiTi	− 67.8
TiAl	− 74.9
$TiAl_3$	− 146.3

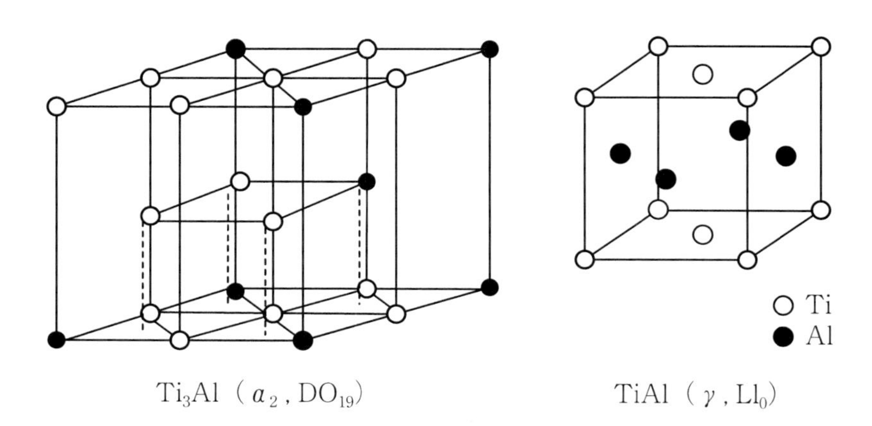

TiAl（γ）相と Ti_3Al（α_2）相の結晶構造。

ビーズの粒径（例）

品　種	該当規格	品名	粒径範囲 μm
cpTi	ASTM F67	Ti-B	710 ～ 850
		Ti-C	500 ～ 710
		Ti-D	425 ～ 600
		Ti-E	250 ～ 355
		Ti-F	212 ～ 300
Ti6Al4V ELI	ASTM F136	64Ti-C	500 ～ 600
Co28Cr6Mo	ASTM F75	CCM-A	600 ～ 1000
		CCM-B	600 ～ 850
		CCM-C	500 ～ 710
		CCM-E	250 ～ 355
		CCM-F	180 ～ 250

用語の解説

粉末積層造形技術による物造りの広がる中で、材料面からその可能性を広げようと、PREPの利用を検討する方のために、筆者のPREP経験を紹介した。

本書は学術研究書に非ず、作業中心の経験談である。とは言え、本来、標準語あるいは学術用語で述べるべきところ、説明に多言を要するところもあり、筆者らが作業現場で慣用してきた言葉と表現、あるいは新技法には新造語までも遠慮なく使わせてもらった。それらを拾って、ここにあらためて説明する。

真空引き

真空にするため、チャンバー内の空気をポンプで抜く。

炉洗い

PREP始動まえ、チャンバー内の空気を不活性ガスに置換後が対象となる。置換した不活性ガスが使用目的に対し、純度不十分であったとか、ガス置換過程でリークがあったとか、装置部品の吸収ガスが真空抽出されたとか、によるチャンバー内の有害ガス(酸素)を、粉末製造条件のなかで粉末に吸収させて除去(炉洗い)することにより、以後の製造を酸素汚染から守る操作である。

PREPは、初めに設定したチャンバー内環境のまま、固定状態(静置環境)での運転であるから、運転の進行につれて、雰囲気は酸素汚染から自浄改善されるはずである。したがって、運転開始初期に採取したサンプルの酸素量が、電極棒のそれを上回ることがない限り、炉洗い無関係でPREPを運転できる。

PREP装置の新設試運転や長期使用後の定期点検は、炉洗い点検を次のように実施出来る。

図1の中に示した複数のサンプリングバルブを使って、始動から一定時間毎の粉末を少量ずつ区分採取し、酸素量を検査する。もし酸素汚染があれば、初段のサンプルから段階をおって減少していくという理屈である。同時にそれはチャンバー内雰囲気から酸素量が少なくなってくる筈である。その時間までの粉末は初期汚染として処理する事ができる。

PREPは静置環境運転であるから、粉末分析に環境の連続性があり、区分管理に意味がある。

静置環境

静置環境とは本書のみの造語である。

PREPでは、初めにチャンバー内の空気を不活性ガスに置換して、外圧とほぼ同じ圧力下で始動する。雰囲気は固定のまま静置であるから、酸素があると操業初期にその条件下に平衡するまでの短時間に粉末汚染として捕まえられる筈である。同時に、チャンバー内は酸素が少なくなり自浄されるという理屈である。

「チタン材の粉末造りは酸素汚染との戦い」であり酸素量に関する品管、品保記録は、PREP始動初期のサンプリングが有意義となる。粉末という固体集団では、単なる無作為サンプリングによる検査よりは、理にかなった品保と言える。

ゲッター効果

ゲッター効果とは慣用造語である。

チタンのPREPでは、初めにガス置換した筈のチャンバー内に、微量の酸素があったとしても、運転初期にゲッター効果で、粉末が吸収してしまい、雰囲気は平衡浄化されるという理屈である。要は、それまでの期間造られた粉末を区別できる事が必要で、PREPではチャンバー底部にサンプリングバルブを用いることでそれが可能になる。

半径熔解法

半径熔解法とは、本書のみの造語である。プラズマ照射を、電極端面中心から所定量偏芯した位置で熔解するものである。偏芯量の目安は熔解面に中央熔けこみが無くなり、ほぼフラットな面になる位置である。50mm径電極では、半径の約1／2付近であった。これは、中央熔けこみが解消し、プラズマフレームが電極面の片方を加熱し、ここで粒径が形成され、離脱飛行していく状態である。物理粉化と呼んだ。液滴が電極から飛び出す物性に局部加熱される部分である。作業としては、液滴が特定の位置から離脱する状態である。電極全周から離脱ではないよう調整する。

プラズマを、単に熔解熱源としてPREPに取り組むと、中央熔けこみを誘い、電極面の円周部に融液の滞留と凝固を生じ、回転がバランスを失う。そこで、電極円周まで、熔解を広げようと電圧、電流アップをはかると、熔融量が増えて粉末生成モードが変わり、液体が気中分断するLD、FDモードが混在して、粒径と粒形の揃いが損なわれる。

傾斜プラズマ

傾斜プラズマとは本書のみの造語である。

プラズマがトーチから曲って、一定角度に傾斜して噴き出させる技術である。

この場合、半径熔解法のための、操作偏芯量は変わってくるが、フラットな熔解面に調整し、DDFをねらうことには変わりはない。

傾斜プラズマによって、融液を、プラズマの熱圧力で電極端面円周へ積極的に押し流し、細粒化効果をもたらすという期待は、固液界面にある薄い液膜に十分な外力の作用は考え難い。むしろ、大径電極においてプラズマを斜めに照射することで、入熱形態を補充し、電極円周部で、液滴の生成モードをDDFのみに維持する効果の方が考えられる。

60mm径電極を使用した入熱条件で、70mm径を超える電極棒のとき、熔解面に凝固が見えはじめ、液滴の飛散が発生せず、当然、入熱量不足であった。DDF安定のためには、入熱量アップは極力抑える方が良いので、ここで傾斜プラズマの適用が電極円周部での液滴生成に入熱量アップのバランスをとりやすいと考えられるが、まだ実証を得ていない。

粉末生成モード

PREPにおける粉末粒子の生成モードは、B. CHAMPAGNEらの観察によって、3つのモードがあると報告されている。これは、粒子の生成位置が電極端面円周部（DDF）か、電極周辺に飛行する融液の空中分断（LD、FD）か、の2種と読んだ。本書では、粒径がより安定するのは、粒子の生成が、形状固定の固体上（電極円周部）に存在するときと考え、DDFを選んだ。

D_{50}

規制された或る粒度分布をもった粉末集団（正規分布）について、粒径積算重量分布図が50％のときの粒径をその集団の代表粒径として表示したものである。

集団がある特定の粉末生成モードのもとで生成されたものでなければ、この表示の意味はない。

PFT

PFTは、Powder、Fluidity、Testを使った本書における造語である。

医薬、食品など粉末の利用は広い分野に及ぶため、粉末の流動性は公的試験方法もいくつかある。流動性は**物性**である。積層造形AMにおいては送給性という**作業性**を要求している。その違いを明確にする必要があろう。作業性は具体性を欠くので、多くは、メーカー独自の球体選別方法が利用されている。

AMにおける粉末では、積層造形機と使用粉末との専用関係もいわれており、科学的に意味するものとして、球体であることや粉末の表面処理が関係すると考えられる。本書では、共通的に粉末の転がりをベースとした試験方法を考案しPFTとして紹介した。粉末積層造形における粉末の歩留まりは工程コストに大きい意味を占めるので、PFTがAMの粉末再生における選別基準作成に生かされることを期待する。

D_{50}とPFT

積層造形において、使用粉末が細かすぎておこるいくつかの問題に対し、粉末のより大径使用技術開発や表面処理粉末の使用技術開発にも関係してくると考えられる。

著者紹介

熊谷良平

1932年　大分県に生まれる
1956年　熊本大学工学部工業化学科卒業
1959～92年
　八幡溶接棒株式会社（現在：日鉄溶接工業株式会社）
　（1972～75年溶接学会誌編集委員）
1992～99年
　福田金属箔粉工業株式会社
2003年　博士（工学）

PREPで積層造形の利用推進を

2025年2月8日　初版発行

著　者　熊谷良平
発行所　学術研究出版
〒670-0933　兵庫県姫路市平野町62
［販売］Tel.079(280)2727　Fax.079(244)1482
［制作］Tel.079(222)5372
https://arpub.jp
印刷所　小野高速印刷株式会社

ISBN978-4-911008-80-5

乱丁本・落丁本は送料小社負担でお取り換えいたします。